活出
心花怒放
的人生

彭凯平 闫伟 ——————— 著

图书在版编目(CIP)数据

活出心花怒放的人生 / 彭凯平, 闫伟著. -- 北京：中信出版社, 2020.7（2025.10重印）
ISBN 978-7-5217-1393-0

Ⅰ.①活… Ⅱ.①彭… ②闫… Ⅲ.①人生哲学—通俗读物 Ⅳ.①B821-49

中国版本图书馆CIP数据核字（2020）第078324号

活出心花怒放的人生

著　者：彭凯平　闫伟
出版发行：中信出版集团股份有限公司
　　　　（北京市朝阳区东三环北路27号嘉铭中心　邮编　100020）
承 印 者：河北鹏润印刷有限公司

开　本：880mm×1230mm　1/32　　印　张：9.25　　字　数：175千字
版　次：2020年7月第1版　　　　　印　次：2025年10月第37次印刷
书　号：ISBN 978-7-5217-1393-0
定　价：59.00元

版权所有·侵权必究
如有印刷、装订问题，本公司负责调换。
服务热线：400-600-8099
投稿邮箱：author@citicpub.com

一场突如其来的"新冠"肺炎疫情，改变了许多人的工作与生活方式，也改变了人们对于生命意义的认识。如何拓展生命的长宽高？如何产生充满幸福感的"福流"？如何活出心花怒放的人生？摆在我们面前的这本书，可谓生命修炼的及时雨。

——朱永新

第十三届全国政协副秘书长，中国民主促进会中央委员会副主席，国家全民阅读形象代言人，"新教育实验"发起人

这本书的作者之一闫伟女士曾在新东方工作，后去清华大学研读心理学，殊途同归。她一直在为帮当下年轻人排忧释惑而忙碌。相信她的这本新书，能大大提升国人的幸福感。

——俞敏洪

新东方教育科技集团董事长

彭老师是我的导师，他倡导的积极心理学，催人奋进。他用生动的案例、风趣的表达拆解"幸福"，很多关于工作、生活的烦恼和困惑迎刃而解。希望更多的朋友能通过积极的态度解决困惑，获得幸福！

——刘洋

中国首位升空女航天员，全国妇联副主席（兼）

身处这个变化的时代，随着经济的高速增长、财富的快速积累，人们的心理问题、心灵危机也越来越不容忽视。诚如作者所言，幸福不是简单的生理满足，也不依附于攀比和财富，而是一种有意义的快

乐。关于幸福，书中不但有深刻的洞察，还为读者提供了获得幸福的实用方法。

——傅小兰

中国科学院心理研究所所长

彭凯平教授是我认识的一位非常优秀的中国心理学家，相信他的新书会给他的中国同胞带来积极幸福的体验。

——理查德·尼斯贝特

美国科学院院士，密歇根大学心理学系讲席教授

中国有很多优秀的积极心理学家，彭凯平教授显然是其中杰出的代表。相信他的新书会解答很多中国朋友关于幸福的困惑，它是你能给自己送的很棒的礼物之一。

——马丁·塞利格曼

"积极心理学之父"，美国宾夕法尼亚大学心理学教授，

美国心理学会前主席（1996年）

我研究的社会性、利他性、合作性和英雄主义，是人的幸福源泉。我很高兴我的好友和同事彭凯平教授和闫伟博士的新书提倡与我的研究内容相通的理念。真正的幸福是有意义的快乐。

——菲利普·津巴多

斯坦福大学心理学教授，美国心理学会前主席（2002年）

目 录

自序 1

以积极心态,重启 2020 / V

自序 2

用感恩之心,领会生命的意义 / XIX

第一章

幸福的陷阱:驱除心灵雾霾

如何正确地比幸福 / 003

财富幻象:"渴望"不等于"喜欢" / 012

幸福的开关,在你手上 / 021

第二章

积极的力量:拯救"不开心"

做一个乐观的人 / 031

焦虑时,停一停 / 041

反转情绪,你需要方法 / 048

遇到挫折怎么办 / 055

第三章

职场幸福：如何过有效率的人生

选择：人生转角处的取舍　/067

寻找工作的乐趣　/076

福流：一种奇妙的体验　/087

你可能是虚假疲惫　/099

拥抱生活，不惧改变　/108

第四章

人际心理：如何成为受欢迎的人

没有人是一座孤岛　/121

成为"万人迷"　/134

一切尽在不言中　/144

召唤人心，动之以情　/149

人性的邪恶　/160

第五章

寻找真爱：生活不是偶像剧

理想中的他，只能来自星星吗 / 173
不可不知的爱情心理学 / 181
婚姻伴侣怎么选 / 194
如何让爱在婚姻中持续 / 203

第六章

积极养育：为孩子注入王者基因

母爱的本质是关爱 / 217
别用表扬"绑架"孩子 / 223
自控力不一定代表成就 / 230
感受知识之乐 / 237
想象力比知识更重要 / 241
这样激励，孩子才会主动 / 250
教育有术 / 257

自序1

以积极心态，重启2020

2020年年初，新型冠状病毒肺炎疫情无情地在神州大地肆虐。为了应对疫情，整个中国陷入一场前所未有的大规模封闭。疫情不光考验着我们国家的应急管理水平和危机管理水平，也在考验每一个中国人在突然袭来的灾难面前的一种文明定力。

清华大学心理学系在2020年2月2日早上6点开通了"抗击疫情，心理援助"24小时免费热线，2月9日早上6点开通了医务人员及家属专线，随着疫情的全球发展，3月中旬开始为海外华人华侨、留学生提供心理援助服务。热线共有13个坐席。截至5月30日24时，热线总拨打量达10 768次；共有68位专家（社会心理学、临床心理学、医学专家和精神科医生等）进行公益培训；参加直播培训和观看课程回放共近350万人次。危机干预组在120天的工作时间段当中，总共进行危机干预的人次是138，其中危重案例数达到28例；回拨32次，报警6

次。发生零差错，零投诉，零事故。截至 5 月 20 日相关热线数据：接线量最大的三个时间段为下午 3:00—6:00（17.11%），晚上 6:00—9:00（17.09%），上午 9:00—12:00（16.04%）；来电者职业中，医护人员占 2.79%，留学生占 0.77%。

上述热线电话主诉的共性是：第一，普遍焦虑；第二，担心自己，同时担心家人；第三，妈妈被高频提及，一是因为对妈妈的担心，二是因为妈妈对自己的安慰和关心是最多的。这也体现了中国社会的文化特点——关爱家庭，关心亲人。

疫情之外，民众因长时间足不出户而产生的压抑情绪也在不断累积。有些人可能会过度关注一些负面信息；有些人不想活动，做不了任何事情，导致免疫系统和消化系统出问题；有些人可能会通过醉酒、抽烟、过度消费、打游戏、玩手机、看电视，以及狂热地工作，来逃避这样一种应激反应的倾向性。症状特别严重的那些人，可能会把一些负面情绪宣泄到周围人的身上，做出指责、挑剔、控制、报复、攻击，甚至自我伤害等行为。

随着国内疫情的渐趋稳定，如何化解我们的心理危机，以新的姿势和心态重启 2020 年？积极心理学的研究表明，积极心态可以替代负面心理，快乐可以缓解应激反应带来的压力，幸福可以指引我们社会的前进！那我们该以怎样的视角看待"快乐""积极"，以及如何理解"幸福"的意义，找到获得幸福的方法呢？

为什么我们觉得不幸福

我曾应联合国新闻部邀请,赴美国纽约参加第二届"国际幸福日"的纪念活动。当时的纽约春寒料峭,但联合国的国际会议大厅里座无虚席,气氛热烈。来自世界各地的外交家、社会活动家、政治活动家及普通的民众代表热情洋溢,等待着活动的开始。

坐在主席台上,看着不同年龄、不同肤色的面孔上流露的激动期待的神色,我的心中不由得生出一个问题:为什么幸福如此有感召力?为什么全世界各个民族和文化都把幸福作为人生追求的终极目标?

答案也许就在于,人人都想获得幸福,但又不知幸福是何物;我们时常感到快乐,但又觉得幸福遥不可及。

你知道吗?人类在21世纪面临的最大生存挑战,不是污染、战争、饥荒和瘟疫,造成人类伤亡人数最多的原因,是幸福感偏低!为了呼吁世界各国政府重视人民的幸福感,联合国大会将每年的3月20日定为"国际幸福日",并在这一天公布年度《全球幸福指数报告》。

在联合国大会发布的《2019年全球幸福指数报告》中,中国的幸福指数在全世界200多个国家和地区中仅排在第93位,这个数字与我们的期望有巨大落差。为什么我们中国人的幸福指数排名不尽如人意?

在过去30年里，中国社会经济的飞速发展提高了人民的物质生活水平，但也引发了很多社会心理问题。在联合国的多年调查中，中国人民的幸福指数排名都在80~90多位徘徊，这显然与中国的大国地位及经济实力不匹配。不过，这其实不是中国独有的问题。很多工业大国在过去的200年中，在意义感和幸福感这两个重要的心理维度上都出现了严重滑坡，原因包括功利主义、物质主义、社会达尔文主义、个人主义及工业化带来的影响，而这些影响在中国近代发展的轨迹上也都有所反映。

平心而论，中国的很多硬指标表现得其实很不错，那么，拖了中国后腿的是什么呢？

第一，社会公益水平得分偏低。中国人民做公益的人数和比例相对世界平均水平而言是偏低的。这里可能有文化的原因，比如中国人提倡做好事不留名，这在某种意义上伤害了中国社会的公益之心，看上去大家都不愿意帮助别人，但其实很多人都在助人为乐，只是他们不说。另外，中国社会的公益捐赠严重不足，中国的富豪捐赠比例在全世界排名偏低。中国的民间慈善和公益组织不发达，同时很多政府公益行为没有被计算在内，这使得中国的公益水平得分不高。

测量幸福指数为什么要把公益慈善参与度作为重要指标？因为研究发现，人在开心的时候容易做慈善，容易有公德心，因此，公益慈善参与度是幸福感的一个很重要的相关变量。

第二,社会信任度偏低。清华大学积极心理学研究中心做过一项大数据研究——世界上13种语言的正面和负面表达频率,结果发现,在过去的200年中,中文的负面表达是全世界最明显的。全球很多语言体系都有一种积极倾向,也就是积极的表达要多于消极的表达,比如西班牙语,但中文的表达呈现消极倾向:如果你讲负面的话,大家就会觉得有道理,很"酷";如果你讲正面的话,别人反而会认为你很虚伪,说你在"装"。这是一个很大的社会心态问题。

著名文化学者李泽厚先生写过一本书,专门讲中华民族历史上的快乐文化。比如,人们把某些丧事叫作"喜丧",即所谓的"白喜事"。因此,他认为中华民族文化是乐感文化。但从当代心理学的大数据分析来看,中华民族文化称不上乐感文化,中国人的负面表达比较频繁。

社会信任度偏低容易产生一种社会心理障碍,即敌意归因。小孩子在成长过程中有一段逆反期,不管大人说什么,他都偏要反着来。逆反到了极致就是敌意归因,特别平常的事情也会被认为有恶意、有敌意。不幸的是,敌意归因在许多成年人身上也有所体现,他们表现得像是没有长大的孩子,比较常见的是各种形式的阴谋论,如"总有人想害我"。

阴谋论带来的第一个伤害是使人们不去关注真相,而停留在自我满意、自我陶醉上。如果不关注真相和现实,我们就找不到解决问题的有效方法。如果我们看不清问题的根源,找不到正确的对策，就不能得到正确的结果。

阴谋论带来的第二个伤害是容易让我们生活在恐惧、愤怒、焦躁的负面情绪中。问题得不到解决，久而久之，就会增加我们的心理负担，影响我们的幸福感。

所以，增强社会信任可以让我们专注于问题，减少社会交往的成本，提高工作效率，进而提升生活质量。

第三，主观幸福感偏低。中央电视台曾做了一次调查，询问中国老百姓："你幸福吗？"得到的是一堆"神回答"。为什么？因为我们不太知道幸福是什么，很多人甚至无视幸福，也鄙视其他人谈论幸福。

以工作为例，人有将近 1/3 的生命是花在工作上的，但是美国密歇根大学心理学系教授克里斯托弗·彼得森（Christopher Peterson）教授经调查发现，中国人从工作中得到幸福感的比例，在 30 个工业化国家中排名倒数第一。其主要原因是，中国人选择一份工作，往往不是出于对个人利益及幸福价值的考虑，而是为了有更好的发展前途，养家糊口，甚至是被迫服从别人的意愿。

我认为，导致人们幸福感偏低的还有一些社会心态因素。

第一，"急"。着急、焦虑，是很普遍的负面情绪。未来的不确定性对人的心理影响非常大，我们都很着急，都在匆忙赶路，觉得如果不追赶就要被抛弃。

第二，"飘"。我们觉得没有底、没有根，在做事情时沉不下心。幸福的一种特别重要的体验叫作福流（flow），即在做事时能够物我两忘，沉浸其中。但在"飘"的时候，我们根本感受不到快乐和意义。

第三，"比"。很多人在城市里生活，很容易互相比较，不少媒体也推波助澜地把富豪生活赤裸裸地展示在大众面前，炫富现象增强了大众的攀比心理。

第四，"戾"。"急生躁"，我们都很烦躁，压力特别大；"躁生戾"，躁到极致，人就要发作。所以我们经常看到网络上、现实中有很多人因为一些小事就争吵或大打出手。然后，我们就会产生愁，比如抑郁情绪、焦虑感普遍增加。

第五，"靠"。80后、90后独生子女一代在父母的宠爱下成长起来，很多人忘了在现代生活中，幸福感是自己给的。不论是单位还是父母、配偶、朋友，谁都给不了你幸福，真正持久的幸福得靠自己去争取。

也许，你误解了幸福

还有许多对幸福的误解，让我们不知道什么是幸福。

幸福不是虚幻的概念，幸福有物质的、生理的基础。幸福的感受源自我们大脑里一些区域（包括边缘系统、杏仁核、快乐中枢等）的活动，以及一些神经递质的分泌。

幸福不是简单的满足。心理学家阿克巴拉利（Tasnime Akbaraly）等曾经调查了3 400多人，发现一种有趣的现象：抑郁症有时候反而是由于得到过度的生理满足而产生的不愉快倾向，而非需求没有得到满足的结果。

幸福在某种程度上不是由金钱决定的。心理学家菲利普·布里克曼（Philip Brickman）做过一项很重要的研究，他发现中彩票一夜暴富的人的幸福指数在某种程度上比没有中彩票的人低，因为他们对暴富没有心理准备，暴富反而容易导致他们心理异常，跟亲人的关系出现严重裂痕——很多人在暴富后的第一个念头就是离婚。

还有很多证据能证明这一点。比如，特别富裕的国家的幸福指数未必很高，美国、日本、韩国的GDP（国内生产总值）都不错，但是其抑郁症患者的比例反而比不那么富裕的国家高。当人均GDP达到3 000至4 000美元时，国家的经济发展水平较高，国民的幸福感会增强很多。然而过了这个"幸福拐点"，幸福感就跟经济发展水平关系不大了。当人均GDP超过8 000美元时，国家财富与国民幸福感的相关性就消失了，而人际关系、平等、公正等指标对幸福感的影响开始明显增大。

幸福也不一定是独善其身。高收入、高学历、年轻美貌的人未必幸福。科学家发现，对幸福影响最大的因素是美好的人际关系，是至爱亲朋的支持，是社会交往的技巧。

有工作的人比没有工作的人不只是多了一份工资收入。比如，一个"不工作的有钱人"如果不与社会发生联系，没有朋友和他来往，那么他其实比一个"工作的穷人"更有可能感到失落。社会联系与支持能让人体会到工作的意义和价值，从而产生幸福感。

幸福，就在你身边

说了这么多，幸福究竟是什么呢？在我看来，幸福是一种有意义的快乐。

在英文里，表示"幸福"和"快乐"的是同一个词"happy"，而中国人很早就知道幸福和快乐之间的不同。在中文里，快乐是快乐，幸福是幸福，幸福绝对不是简单的快乐。

很多人一说起意义，就把它上升到一种哲学的、形而上的高度。其实，意义是我们大脑前额叶的产物，是人类的智慧和理性创造的感受，它也来自各种神经机理的作用。

工作累了一天，回家躺着休息很快乐，但如果一直这么躺着，就没意思了；学习太紧张，玩手机、玩游戏，休息一下很快乐，但如果没日没夜地玩，人也会感到很空虚。"有意义的快乐"离不开目标与创造，当我们为生活设定积极的目标，勤于创造而非消耗时，我们就能在向目标前进的过程中体验到一种温暖而持久的幸福。

当然，生活不总是阳光灿烂的，一定有挫折、痛苦，我们应该如何控制负面情绪，才能常享幸福这种有意义的快乐呢？我经常提到"五施"——言施、身施、眼施、颜施和心施，就是说，做五件简单而平凡的事情就可以让人获得幸福的感受。

第一是言施。

语言是人类文化知识的载体，我们的语言和知识信息从来不是印在我们大脑前额叶的符号，而是已融入我们全身。

不知道你注意过没有，当人们聊起社会不公平的话题时，他们往往越聊越愤怒，最后拍桌子大骂。而当人们聊到快乐幸福的话题时，一会儿大家就都会笑起来。为什么？人从来不是被动、抽象地理解概念的，而是带着身心的体验来理解的。因此，我们在生活中多进行积极的沟通，就能产生正面的效果。不信你看那些朝气蓬勃、道德高尚的人，他们在说话时都抬头挺胸、意气风发，因为知行合一很重要。积极的表达和交流可以让人产生心花怒放的感受。

第二是身施。

触摸自己的身体也会使人产生幸福感。比如，鼓掌就是一种很好的触摸形式，人们有时击掌而呼，是因为双手最敏感的触觉区域是掌心，人们不断拍打自己的掌心就会产生快乐的情绪反应。同样，人们在开心时与他人拥抱、击掌等，也能给双方带来幸福的体验。

此外，跑步 15 分钟到 30 分钟，大脑就会分泌各种积极的化学物质，它们会让我们感到开心、兴奋，所以运动会使人上瘾。人在闻到香味后会很开心，这也是身体的感受。

第三是眼施。

当你的爱人换了一件新衣服，或孩子遇到不开心的事时，你能及时察觉他们的变化吗？答案可能是否定的，因为我们太忙了。然而，幸福需要我们有一双慧眼，去关注、发现生活中的美，去表达、传递我们的爱。

生活其实并不单调，如果我们老想着工作，我们就会丢失生活，也会离幸福越来越远。下一次，请在通勤路上放慢脚步，欣赏沿途的景致，发现生活的美好；回到家后，请放下手机和电脑，看看孩子的笑脸。你心中涌起的那种温暖、满足的感受，就是幸福。

第四是颜施。

科学家发现，人类每笑一声，从面部到腹部就约有 80 块肌肉参与运动。笑 100 次对心脏的血液循环和肺功能的锻炼相当于划船 10 分钟的运动效果。可惜，成年人每天平均只笑 15 次，比未成年人少很多。

法国医生迪香（Duchenne，也译作杜乡）发现，当一个人的三块面部肌肉同时活动的时候，他会产生一种特别有感染力的微笑：一是嘴角肌上扬，二是颧骨肌上提，三是眼角肌收缩。幸福的人一定是经常面露这种微笑的人。

第五是心施。

中国有一个汉字叫"悟",很多智慧来自"觉悟"。觉悟,就是要用心去感受。然而很多时候,我们只顾着培养做事情的能力,却疏于培养内心的感受力,心灵的枯竭和贫瘠让我们虽忙碌却迷茫,越来越不开心。

盲人作家海伦·凯勒在《假如给我三天光明》一书中描述了自己特别重要的心灵体验,也对所有明眼人发出真实的劝告,她说:

> 去善用你的眼睛吧,就像明天你将会失明一样。去聆听美妙的天籁、悦耳的鸟鸣、铿锵有力的交响曲吧,就像明天你将会失聪一样。去用心抚摸每一个物件吧,就像明天你将会失去触觉一样。去闻花香,品尝每一口饭菜吧,就像明天你将永远无法闻到香味和尝到味道一样。[1]

大约30多年前,我在《读者文摘》(后改名为《读者》)第118期上读到一篇文章——《幸福总在遥远的山那边》。在我看来,幸福其实离我们并不遥远,也并非在遥远的山那边,幸福无时无刻不在我们的生活中——平凡、淡然、宁静、祥和。它是远方的儿子在归家时拉着母亲日渐老去的双手,是温柔的

---

[1] 作者根据中国友谊出版公司2020版,一苇译本改编。——编者注

母亲不慌不忙地一边看着蹒跚学步的小孩一边在午后的和煦阳光下挽着毛线扣，也是我们在翻开笔记本写下自己对亲人的感恩时落笔的沙沙声……

其实，纵观人类发展的历史，我们正是在不断跟各种天灾人祸做斗争并取得胜利的过程中积累经验的。2020年这场特殊的战役或许也在提醒我们，幸福是对他人祝福和思念的倾注，幸福是对平安、健康的守护。我们要珍惜来之不易的安宁生活，彼此拥抱，携手合作，快乐积极地生活，哪怕面对压力与困难，我们也要活出心花怒放的感受。这就是我理想中的幸福，也是我在写作这本书时最深的感触。

彭凯平

2020年6月26日于北京清华园

自序 2

用感恩之心，领会生命的意义

2008 年，彭凯平老师接受清华大学的邀请，复建清华大学心理学系；2012 年，他放弃在美国加州大学伯克利分校的终身教职，回国工作，筚路蓝缕、一路耕耘，让清华大学心理学系站上新的高峰。在谈到他做出这个选择的原因时，彭老师提到了两点：第一是完成他的老师周先庚先生的遗愿，所谓"为人学子，当报桃李之恩"；第二是将他在海外多年的工作科研成果带回中国，所谓"合化东西，报效祖国"，希望让更多中国同胞了解心理学，了解应用心理学。正是基于这一公一私的两个愿望，彭老师来到清华大学，而这一驻足，就是十年有余。彭老师经常说，他这一生最有成就感、幸福感的事情就是站在讲台上，把那些有关人性、人心、人情、人群的科学知识传递下去，并通过科学的积极认知与行动，改善人们的心理健康，提高人们的幸福感、获得感与意义感，让人们发现生活之美，登上生命之巅。他认为，每个人都需要了解并学习一些科学的心理学知识，尤其是当代中国的年轻人。

这些年来，我受益于彭老师的指导，对自己尚且年轻的人生有了明确而坚定的方向。作为这一代青年人中的一员，我深深感受到自己的幸运：成长在中国发展最快、最好的年代，远离了物质的贫困、生活的艰辛，告别了信息的匮乏，自幼享受到改革开放的"红利"，与亲爱的祖国一起成长发展。

但我们同时又是心理问题越来越突出的一代：独生子女的孤独感、价值观念的纷乱、工作学习和生活的匆忙、电子娱乐的诱惑、网络和社交媒体中的疏离等，这些因素使得心理问题远超其他任何身体疾病，成为我们这一代人最大的生存风险。

根据世界卫生组织 2017 年的报告，中国 15~24 岁的年轻人中，约有 120 万人患有抑郁症。中国大学生抑郁症发病率高达 23.8%。我们享受着这个时代无与伦比的繁华，可我们的内心又同时经历着超越年龄的沧桑。

我很荣幸能够和我的博士生导师彭凯平教授共同完成这本积极心理学著作，并在中信出版集团的大力帮助之下，将其出版成书。我在撰写本书的过程中受益良多，相信读者也能与我一样因本书而有所收获。

这是一本诞生于不平常时刻的不平常的书。

时刻的不平常，是因为本书的整理、重构和写作都在"新冠"肺炎疫情期间，这些工作让我在这几个月里克服了疫情带来的紧张、焦虑、孤独和郁闷，领会了生命的价值和意义，也发现了奋斗与创造的升华效应。

书的不平常，是因为本书是我向导师彭凯平教授学习、致敬的作品。很多人认识彭老师是通过他的课程、专著、研究报告和文章，以及他在世界心理学界的名望，但作为学生，我从更近的距离感受到了他的家国情怀与天下抱负，他的大爱之德与慈悲之心。

从 2019 年年底开始肆虐全球的新型冠状病毒肺炎疫情，让整个世界的文明都经受着重大的考验。这是人类自第二次世界大战之后迎来的最为严重的一场全球危机，也是我们这一代人面临的巨大挑战。这场疫情注定会改变很多事情，包括文明的进程、文化的走向、世界的格局、国家的关系、人们的生活态度与方式，以及我们对世界与他人的看法。

病毒无意志，但文明有选择。疫情蔓延无界限，但人心有原则。科学告诉我们，积极的心态是我们战胜疫情、重启幸福的最佳力量。

2020 年 3 月 2 日，习近平总书记在北京考察"新冠"肺炎防控科研攻关工作时强调，人类同疾病较量最有力的武器就是科学技术，人类战胜大灾大疫离不开科学发展和技术创新。疫情期间，习近平总书记高度重视相关心理疏导工作，强调要"主动做好心理疏导""动员各方面力量全面加强心理疏导工作"。

为贯彻落实总书记指示精神，清华大学心理学系牵手多家机构和单位启动了"抗击疫情，心理援助"紧急公益项目，旨在动员和组织经验丰富的心理学专家团队和心理学专业志愿者，以专业性、有效性、持久性为原则支援武汉，为广大心理志愿者提供专业的培训、督导，也为广大一线医护工作者和民众开展线上社会心理科普，提供一对一的心理辅导。在某种程度上，这本书也是彭凯平老师和我及清华大学心理学系全体师生献给所有和我们一起共克时艰、战胜疫情的同胞的一份心意！

子衿青青，风华藏栋宇之梁；世事流变，沧桑染少年之心。活出心花怒放的人生，这是我们的希望，也是信念，更是行动！让我们一起在一个伟大的时代，去憧憬伟大的生命吧！

闫伟

2020年6月26日于北京清华园

第一章

幸福的陷阱

驱除心灵雾霾

如何正确地比幸福

为什么铜牌选手比银牌选手更快乐？

康奈尔大学著名心理学家托马斯·吉洛维奇（Thomas Gilovich）曾经和两个学生做了一项研究：请康奈尔大学的学生评价 1992 年巴塞罗那夏季奥运会各项比赛中获得奖牌的选手在冲过终点时和在领奖台上的情绪表现，给选手的表情打分，满分为 10 分，表情越开心，分数越高。结果他们发现，在比赛结果刚刚宣布时，银牌选手的平均得分只有 4.8 分，而铜牌选手的得分高达 7.1 分。在颁奖仪式上，铜牌选手的快乐表情有所收敛，但仍有 5.7 分，而银牌选手变得更不开心，表情变成了 4.3 分。统计分析的结果显示，铜牌选手与银牌选手的开心程度的差异在统计水平上十分显著。

按照我们通常的理解，人们的开心程度应该与其成绩有对应关系。如果我们表现得好，成绩优越，我们会很开心；反之则不开心。按照这种逻辑，银牌选手应该比铜牌选手开心，因为他的成绩只是在一人之下，却在其他人之上。

根据吉洛维奇的研究，产生这种意外结果的主要原因是这两种人的反事实思维不一样。所有人都在用反事实思维进行思考。反事实思维是个体基于与现实相反的条件或可能性进行推理的一种思维过程，或者是对事实的一种替换想象。人们通常是在心理上对已经发生过的事进行否定，进而建构一种假设的可能性，即"如果怎么样，就会怎么样"。

银牌选手的反事实思维肯定是往上比较，因为对于银牌选手而言，奖牌已经到手，他只要再努力一下，就一定可以获得金牌，所以，往上比较的反事实思维很自然。铜牌选手更可能有往下比较的反事实思维，因为他差一点儿就可能是第四名，得不到奖牌，因此，往下比较的反事实思维更自然些。比较的方向不同，人的情绪受到的影响也就不同。

十几年后，我的好朋友——美国旧金山州立大学的大卫·松本（David Matsumoto）教授和美国《世界柔道杂志》（*The World of Judo Magazine*）的编辑鲍勃·威林厄姆（Bob Willingham）对2004年雅典夏季奥运会上获得柔道比赛金牌、银牌和铜牌选手的面部表情进行了计算机分析，分析结果再次验证了吉洛维奇的发现。更有趣的是，银牌选手不但表现得不开心，甚至还流露了悲伤、轻蔑和冷漠等负面的情绪反应。当然，这些银牌选手在领奖台上还是会露出笑脸，只不过他们的微笑大部分是伪装的、礼节性的。

再举一个我们更熟悉的中国游泳运动员傅园慧的案例。在

2016年里约奥运会上，傅园慧在发现自己夺得100米仰泳铜牌后开心地说："啊？第三啊？噢，那我觉得还是不错的。"而当她在2017年的游泳世锦赛上获得50米仰泳银牌后，她难过得眼泪都流了出来。由此可见，银牌选手确实不如铜牌选手开心。

生活中的反事实思维

上述研究生动地说明：一个人的成就、获得和收益到底有多大，与其幸福没有完全的正比关系，但是这和他的认识、判断密切相关。

当我们往上比较的时候，我们很难感受到自己已经获得的成就，而当我们往下比较时，我们反而会知足常乐。这就意味着，真正影响人生的幸福和快乐的，是我们的预期和比较。

生活中，我们经常有与别人比较的冲动，我们感觉的好坏往往取决于比较的结果。当其他人聪明、灵巧、成绩好的时候，我们就显得愚昧、笨拙、成绩糟糕。当你刚刚为5万元的年终奖兴高采烈，却发现你的同事比你多拿了5 000元时，你可能就会变得不开心。

俗话说，人比人，气死人。那么，我们为什么会有意无意地跟别人进行比较呢？

在进化史上，远古人类为了规避风险、活得更久并成功繁衍，最重要的生存条件之一就是从属于某一集体。他们通过不断将自己和部族里的其他人进行比较，保护自己不被集体排斥：我这样做是否合适？我是否达到了别人的预期？我的贡献够大吗？别人喜欢我吗？……直到今天，人类大脑依然沿用过往的模式，通过跟其他人比较来向自己发出"受欢迎"或"被排斥"的信号。

1954年，美国社会心理学家利昂·费斯廷格（Leon Festinger）提出社会比较理论，他认为，自我认识的不确定性是人们进行社会比较的主要原因。每个人都有了解自我、评价自我的冲动，但在缺乏客观标准的情况下，我们会把他人当作比较的尺度，在比较中获得意义。另外，我们进行社会比较的对象不一定是那些比我们优越很多的人，往往还是自己周边的人。也就是说，虽然某富豪可能会给自己定一个亿的"小目标"，但我们不会和他比，而如果自己身边的某人比自己每个月多赚2 000元，估计有些人就会不乐意了。

我们是如何进行社会比较的呢？社会比较可以细分为上行比较、平行比较和下行比较。上行比较，顾名思义，指的是在一个特定的指标上把自己与比自己强的人做比较，我们平时说的"攀比"就是一种上行比较。在财富、成绩、声望上和那些比我们强的人比较，往往会伤害我们的自尊心，但也不排除对有些人来说，上行比较是激励他们奋发向上、愈战愈勇的动力。下行比较就是选择不如自己的个体进行逆向比较，这样通常会让自己感觉更好。

由此会产生两种效应，一种是对比效应。在现实中很多人有这样的体会，当我们在职场上看到竞争者衣着光鲜、信心满满、侃侃而谈的时候，我们往往会产生自卑情绪，降低对自己的评价。反之，当我们面对一个唯唯诺诺、不善言辞的竞争者时，我们就会不自觉地增强信心，提高对自己的评价。另外一种是同化效应。对于一些有上进心、有抱负的人，当向他们展示更加优秀的个体榜样时，他们会不自觉地对自己的技能水平和能力做出更高的评价。

社会比较存在什么样的问题？现在我们知道，主要有三个问题。

第一，这样的比较往往不准确。因为我们并不清楚别人的成功、幸福、财富状况，很多时候我们的判断往往是不准确的。比如，请判断，一个出了车祸被撞断腿的人与一个买彩票中了100万元大奖的人，三个月后谁更幸福？多数人凭直觉会认为中了彩票的人肯定更幸福，实际上，心理学研究发现，二者在事件发生三个月之后的幸福指数并没有太大差别。

因为人有非常严重的适应倾向。一个人中了大奖，刚开始固然会很开心，但是很快他就会陷入财务的烦恼，要面对缴税、朋友找他借钱、投资可能失败等问题。特别是毫无思想准备的中奖者因为突然中奖而产生的心理压力，反而比未中奖者的更大些。研究发现，除了至亲之人亡故，一般来讲，人类所有的不幸遭遇，包括挫折和失败给人带来的负面影响，在三个月之后都有可能消失。

第二，我们在比较时有很多非理性的习惯。比如，你是否愿意和李嘉诚交换生命？因为李嘉诚是亿万富翁，很多人容易被这样的光环吸引，会不假思索地答应。但他们忘了，李嘉诚已经是一个年逾九旬的老人，而他们的生命如此年轻，这样的交换不值得。这种比较容易受鲜明形象影响的习惯性思维偏差，被诺贝尔经济学奖得主、心理学家丹尼尔·卡尼曼（Daniel Kahneman）教授称为代表性思维偏差。也就是说，我们往往会被对方有代表性的特征迷惑，我们比较的不是真实的整体结果。

第三，比较会对人的幸福感产生负面影响。在很多国家，富裕的人通过把自己跟那些较穷的人进行比较而获得满足感。但是我们发现，中产阶级和穷人往往更愿意与比自己收入更高、事业更成功、社会地位更优越的人进行比较，换句话说，我们倾向于跟社会等级比自己高的人进行比较。

身处地区的贫富分化越严重，人们越容易感到不满足。我们很容易和住在附近的比我们过得好的人进行社会比较，这会让我们的自尊心和幸福感都受到伤害。想象一下，如果你住在一个到处都是面积为200平方米的房子的社区，而你的房子有300平方米，那你显然会比同样住在300平方米的房子里，但周围的房子都是400平方米的人更快乐一些。

此外，媒体对富人生活方式的宣扬或者我们看到别人炫富，都会加深我们"相对贫穷"的感觉,从而降低我们对生活的满足感和幸福感。

如何正确地与别人比?

没有比较,就没有伤害。然而社会生活充满各种各样的比较,即使我们自己不去比,我们周围的人、我们的亲朋好友,也经常会下意识地拿我们和其他人对比,所以才会出现"别人家的孩子""别人家的老公"这样的"新物种"。

既然社会比较难以避免,你可以试试从如下三个方面做出改变。

第一,根据比较的目的,调整比较的方向。

为了提升自己的满足感和幸福感,我们可以选择向下比较,也可以避免比较。也就是说,当我们认为自己在特定领域的能力和表现比较差的时候,我们最好不要在这个领域进行向上的社会比较。

如果比较的目的是给自己增加行动的力量,那么上行比较可以让我们产生积极的能量,从而提高得更快,进步得更明显。通过让自己相信自己是精英或者上层的一部分,强调自己和比较对象的相似性,我们会感觉舒适、快乐和被接受。

有研究发现,虽然癌症患者一般喜欢下行比较,但他们也希望获得比自己幸运的其他康复者的信息,从而让自己产生希望。

还有一些研究发现,节食的人也经常进行向上的社会比较。

在冰箱上贴一张比自己瘦的人的照片，不仅能提醒自己留意当前体重，还使自己有了奋斗的目标、行动的灵感。所以向下的社会比较可能让我们感觉更好，而向上的社会比较更能激励我们努力行动。

第二，改变比较的内容，建立多元化的比较体系。

由于各种原因，我们更愿意从财富角度去衡量幸福。但人类的成功和幸福其实有着多元化的指标，幸福不光是财富，还包括愉悦的体验、满意的关系、爱的感受、生活的意义等多种要素。当我们在比较中减少对财务状况或者社会地位的关注时，我们就容易在其他方面找到自己的优势并感到满足。

俗话说，"文无第一，武无第二"。竞技比赛中成绩的高低和职场上收入的多少还算有比较客观的衡量标准，但现实生活中，谁的日子过得好一些，谁的孩子聪明一些，谁的成就大一些，这些都是复杂的、综合的概念，没有绝对的客观衡量标准。当我们因为比较而感到不幸福时，不妨想一想，我们在生活中拥有什么，我们有哪些别人没有的特长，我们有哪些别人不具备的优势。也就是说，我们的精神追求、目标和偏好等没有客观衡量标准的生活体验，也是影响幸福感的重要因素。

比如，虽然我们的钱不如有些人多，职务不如有些人高，但是我们可能有更健康的身体、更美满的家庭、更加积极的生活态度、更高的颜值，甚至可能就是更年轻。多元化的比较体系，相对而言更容易让我们感到幸福、满足。

因此，我特别提倡人们拥有精神追求。在满足基本的物质需求之后，精神追求可以给我们无限的精神财富。它不是简单的否定事实的阿Q精神，而是追求灵性、悟性、善意等感性境界的提升。不妨多一些对自己所拥有的生活的感激，少一些因比别人缺少某物而产生的焦虑，如此才能离幸福更近。

第三，改变比较的对象，做小池塘里的大鱼。

心理学家赫伯特·马什（Herbert Marsh）和约翰·帕克（John Parker）于1984年提出一个有趣的理论，叫作"大鱼小池塘效应"（Big-Fish-Little-Pond Effect），大鱼指的是那些特别优秀的人，小池塘就是和优秀的人相比较差的群体。

以学习成绩好的学生为例。如果他们将自己与那些学习成绩更好的人进行比较，那么他们就会有相对较低的和学业有关的自我评价；如果他们将自己与学习成绩较差的学生进行比较，他们的自我满足感就会提高很多。这就像一条大鱼在小池塘里显得很大，而在大海里反而显不出什么优势。

研究发现，这种"大鱼小池塘效应"具有跨文化的普适性。马什教授等人在北美洲、南美洲、大洋洲、欧洲的26个国家和地区进行研究并发现，在能力相差无几的学生中，在学生平均能力较高的学校里学习的那部分人，其学业的自我概念评价低一些；反之则更高。

在中国，也有"宁做鸡头，不做凤尾"的俗语。由此可以看出，如果你是一条优质的大鱼，那么你在适当的时候可以考虑投向小池塘的怀抱，这样你会更容易产生满足感和幸福感。不过，"人往高处走，水往低处流"，具体怎么选，又要回到第一个方面——根据你的目的而定。

财富幻象："渴望"不等于"喜欢"

在《伊索寓言》中，有个狐狸与葡萄的故事。故事说的是有只狐狸特别想吃葡萄藤上熟透了的葡萄，于是它跳起来去摘，但它跳得不够高；再跳起来，还是够不着；再跳起来……狐狸试了又试，最终也没有成功摘到葡萄。最后，它决定放弃，一边走一边说："我敢肯定，葡萄是酸的。"

狐狸下意识地接受了自己并不是特别想吃到葡萄的想法，于是它便能够"心安理得"地离开。这就是著名的心理防御机制——"酸葡萄心理"的由来。

现代心理学研究发现，即使狐狸继续尝试，并且吃到了它想吃的葡萄，最后它也很可能会觉得自己其实没有那么喜欢葡萄。

收入增长无法带来更多幸福感

现实生活中的我们也许跟寓言中的狐狸一样，在某个时候也会渴望得到自己其实并不那么喜欢的东西，金钱就是其中之一。丹尼尔·卡尼曼教授在一项研究中指出：

大部分人认为高收入等于快乐,但这个说法事实上极为虚幻。高收入的人对生活会感到比较满足,但不会因此而比其他人更幸福,他们甚至更容易紧张,也不太会享受生活。收入对于生活的影响是短暂的。我们认为,人们之所以会过度宣扬收入是衡量幸福的标准,是因为他们只是在用传统的视角衡量自己及他人的生活罢了。

为什么收入的增加没有给我们带来更多的幸福感?主要原因有如下四点。

第一,人的适应能力让我们通常高估自己从某一事物中持续获得快乐的可能性。就像从明处来到暗处,我们刚开始会觉得落差很明显,但很快我们的眼睛就会适应黑暗。正是因为人的这种适应能力,所以买新房子、涨工资固然会让我们感到开心,但这并不表示我们会因此长期快乐下去。

第二,比较的心理倾向使得我们在评判幸福感时更多地依据自己的相对收入,而非绝对收入的高低。提高所有人的收入并不能提高所有人的幸福感,让人感到幸福的是自己相对收入的增加,而不是绝对收入的增长。当相对地位发生变化时,人们的适应性也会提高,人们会增加期望值,进行更多的社会比较。

第三,边际递减效应。经济学家理查德·伊斯特林(Richard Easterlin)在1974年提出幸福饱和理论,他认为幸福感不是一直随着收入的不断增加而增加的,它符合经济学的边际效用递减的规律。收入的增加对幸福感的影响会逐渐减小,当收入的幸福感边际效用达到零时,个人的幸福感就会进入饱和状态;过了这个饱和点,个人收入的增加将不再对个人幸福感产生影响。

清华大学心理学系"大数据行为研究室"的大数据研究也发现,中国各个城市的幸福感与GDP的增长不是完全的线性关系,而是边际递减的关系。当人均GDP小于5万元时,各个城市的市民的幸福感与GDP的增长有密切的对应关系,GDP的每一点增长都能增加市民的幸福感。但是,当人均GDP突破5万元时,其他因素,如环境、教育、自主权、治安、官员的道德水平和管理能力等,对提升市民的幸福感就变得更有价值和意义了。

所以说,边际递减效应使得一个年收入上千万元的人和一个年收入十万元的人都薪资翻倍,他们由此产生的幸福感会完全不一样。

第四,过度强烈的挣钱动机有损人的积极情绪。心理学家戴维·迈尔斯(David Myers)发现,特别想通过赚钱让自己开心的人的幸福感其实更低。因为只想挣钱的念头会让人忽视生活中其他积极的体验,甚至降低人的社会责任感,影响人际关系。当金钱和家庭关系产生冲突时,这还会造成精神压力,损害心理健康。同时,收入的增加有可能伴随着消费欲望的上升,随着时间的推移,这种消费欲望会渐渐抵消之前提升的幸福感。

必须承认,金钱作为一种社会资源,除了能满足我们基本的温饱需要，还代表一种身份、地位、权力及对资源的拥有，它能够激发人的信心、力量和效能感。想挣钱或存钱并没有错，物质上的富有、金钱上的保障能给我们更多选择的自由，然而我们在追求财富的过程中需要提醒自己，金钱能带来快乐、幸福的体验，但不意味着快乐、幸福本身。若把手段（赚钱）当作目标（获得幸福），就有些本末倒置了。

密歇根大学心理学家肯特·贝里奇（Kent Berridge）通过实验发现，人类"渴望"和"喜欢"的感觉由大脑不同的神经通道产生。"喜欢"的神经通道位于大脑皮质的下部，如果采用电极刺激这些区域，特别是刺激伏隔核，人就能产生积极快乐的情绪。控制人类"渴望"区域的神经系统与"喜欢"区域的神经系统连接，也在大脑皮质的下部，只是"渴望"比"喜欢"的神经分布更为广泛，而且受不同的神经化学激素刺激——影响"渴望"的神经化学激素主要为多巴胺。

有意思的是，很多产生药物依赖的人的兴奋反射区域主要是"渴望"区域。这些人经常表示他们特别"渴望"这些药品，但他们并不见得"喜欢"它们。请从这个角度思考你对财富的追求，扪心自问，你是真的"喜欢"金钱，还是"渴望"金钱带给你的某种满足与成就感？

正如生活中最珍贵、最美好的东西都是免费的一样，能让我们真正喜欢的，也许恰恰是那些朴素无华而又真实长久的事物，比如亲情、友谊、工作、学习、运动、艺术、希望等。因此，我们千万不要轻易被自己所"渴望"的事物欺骗。

幸福，人生的终极财富

在成为芝加哥市的一名教师之前，玛瓦·柯林斯（Marva Collins）在一家资产数十亿美元、人人都有可能获得巨额财富的集团工作。然而，当柯林斯与患有自闭症的学生蒂法妮互动，她看到这个被专家认为无法被爱、被教育的孩子在自己长久的关爱下开始学习，并第一次说出"我爱你"时，这一刻对柯林斯来说比什么都有价值。

1975年，柯林斯在她居住的社区里创办了城西预备学校，大部分学生来自同一社区，他们都因为品行恶劣或成绩不良而被学校开除。柯林斯开办这所学校的目的正是帮助这群孩子为重新回到学校而做准备。当年的芝加哥市中心是毒品和犯罪的温床，在极其恶劣的社会环境下，城西预备学校是这些孩子流浪街头前的最后希望。

之后，这些曾被认为无法被教育的学生开始阅读莎士比亚、爱默生和欧里庇得斯的作品，一度被看作无可救药的他们后来几乎都考上了大学。柯林斯的学生们证实了她的信念——每个学生都有成功的潜力。

在学校创办之初，柯林斯没有什么资金，她甚至把自己的家当作教室。此后20年里，她因经费不足而数次面临学校倒闭的危机。如今，美国有很多个州相继创办了玛瓦·柯林斯学校，世界各地的教育家也都蜂拥前往芝加哥学习她的教育方式。

20世纪80年代，里根和布什政府都曾邀请柯林斯出任美国教育部长，但被她婉拒，因为她相信，只有课堂才是她能真正创造奇迹的地方。

柯林斯觉得自己是"世界上最富有的女人"，教学带给她的快乐是多少钱都买不到的。对她而言，人生的终极财富是幸福，而不是金钱或声望。

柯林斯的故事让我想到自己的恩师理查德·尼斯贝特（Richard Nisbett）教授。美国心理学会曾对第二次世界大战后人类最伟大的心理学家进行数据分析，从著作引用率、教科书覆盖率、重大奖项等方面衡量其杰出性，然后得出了一份排名，其中排在第19位的理查德·尼斯贝特教授就是我在美国密歇根大学攻读博士学位时的导师。

尼斯贝特教授是一个永不停歇的思想者和科学的播种者，他培养了很多优秀的心理学大师，其中有很多人已经成为美国社会心理学界的领军人物（有一项研究发现，尼斯贝特教授培养的学生占据了美国一流心理学系、社会心理学专业将近20%的领导岗位）。他不光学问做得好，人品也非常优秀，对我产生了深远的影响。

1995年，我当时有机会成为福特公司派驻中国的代表之一，年薪非常高。我向尼斯贝特教授汇报了这一消息，没想到他把我邀请到他的家里，和我进行了将近3个小时的谈心。他特别提出，上帝给每个人安排好了位置，科学家其实行使着上帝的职责，代表上帝判断人间的真伪，而我和他的生命交集中一定有更高级的意义。

那是我第一次被宗教式的使命感震撼。我此前一直认为，教授只是一个工作岗位而已，做科学研究是我们安身立命的方式和手段。但对尼斯贝特教授而言，科学是一项神圣、高尚的事业，人从科学研究中获得的满足感与幸福感绝非金钱所能衡量。但尼斯贝特教授本人并非宗教信徒，他出于科学家的理性和对人类生命的挚爱，才把心理学研究当作神圣的事业。他经常说的一句话是："一个优秀的科学家，永远在追求、探索未知的领域。"

正是与尼斯贝特教授的这一次长谈，让我体会到我以前从来没有感受过的职业使命感，于是我决定放弃福特公司的高薪聘请，潜心做科学研究。我在博士毕业后到加州大学伯克利分校任职乃至后来回到中国在多所高校任教，也是受到了他的影响。

十几年弹指一挥间，跟很多有留学经历或在企业界打拼的同辈相比，论收入我是远远不及的，但我对自己的工作和生活很满意，即便有时辛苦，我依然常常觉得幸福。

在人类数千年的文明历史中，出现了无数职业。我认为从事教育工作会让人感到幸运、满足、幸福，因为沟通是快乐的，交流是舒适的，帮助他人是幸福的。对我来说，这些愉悦的体验也是比金钱更重要的财富。

如何用钱"买"幸福？

日常生活中，除了在职业选择这样的大事上要摆正金钱的位置，其实很多日常习惯，尤其是消费习惯，也能反映一个人的金钱观。那么，有没有办法让金钱提升我们的幸福感呢？我觉得以下几种方法值得尝试。

第一，花钱买时间。

人们常说，时间就是金钱。然而心理学家发现，在带给人幸福的体验上，时间胜于金钱。花时间与家人和朋友待在一起，比为了钱去加班或者降低社交的频率，能带给我们更多的快乐。当我们认为时间就是金钱时，我们反而容易把不直接创造经济收益的行为看作"浪费时间"，从而变得更加急躁，很难体会到独处或跟亲友相聚的幸福感。

花钱买时间，就要避免在一些重复琐碎的事情上亲力亲为。比如家务，你可以请钟点工来做，也可以通过给家里添置扫地机、洗碗机、烘干机等设备来解决。又如购物，在网上订菜、采购生活用品等，能节省大量往返菜市场、超市的时间。此外，一年给自己安排一两个悠闲的假期也是对自己必要的奖励，及时休息、充电能让你感受更多生活的乐趣。

需要提醒的是，不要把多出来的时间都用来宅在家里玩电子游戏，或埋头看剧。必要的娱乐活动可以放松身心，但更重要的还是花时间和"正确"的人待在一起，包括亲人、朋友、老师、贵人等。

第二，花钱买体验。

有些人在心情烦躁、情绪不好的时候会拼命花钱买东西来转移注意力，缓解心中的不快。其实跟买鞋子、衣服、包等物品相比，旅游、听音乐、看电影等娱乐体验带来的快感更加长久和深远。

享受体验能拓展我们的时间。因为生命有限，充分享受每一个瞬间，把每一分钟都活得幸福和愉悦，我们的生命就会在无形中得到延展。

第三，花钱建立友好的社会关系。

如果我们在心情不好时能跟亲人或朋友交流，哪怕只是一两句关心的话也会让我们觉得好受一些。这样的关心就是一种社会支持。

社会支持和金钱所代表的资源都是我们安全感的源泉，过分重视金钱则会降低我们对社会支持的渴望，让我们忽视社会关系的重要性。这就是通常所说的见钱眼开、见利忘义、"商人重利轻别离"等。

美国洛杉矶大学的著名心理学家艾伦·费斯克（Alan Fiske）认为：亲密的社会关系之间的伤害靠金钱很难弥补，反而要用更多的社会行为、更亲密的举动来弥补。因此，密切关注他人的幸福，把闲钱花在别人身上（邀请朋友聚餐，在纪念日给亲友准备礼物，做慈善，等等）比把闲钱花在自己身上更能带来幸福感。

幸福的开关，在你手上

你有没有过这样的经历：在图书馆里看一本好书，不知不觉忘记了时间；锻炼的时候越来越开心，坏心情好像全部消失了；路过的行人突然对你嫣然一笑；对某事顿悟，困扰你很久的问题因此迎刃而解……在这些时刻，你体会到一种特别温馨的感觉，那种兴奋的状态能持续好久。

幸福是一种综合体验，其中必不可少的感受是愉悦。很多人觉得，开心、快乐作为一种感觉似乎来去匆匆、难以捉摸，而积极心理学发现，积极心态是人类的天性。

比如，人类有一个特别重要的神经系统叫作迷走神经，它是人体内最长、最古老的神经通道，它发源于脑干，通过咽喉、颈部到心、肺及其他内脏，止于贲门附近。长期以来，科学家认为迷走神经只跟呼吸、消化、心脏活动和腺体分泌有关系，现在我们发现，迷走神经跟我们的道德感和快乐、幸福的表现密切相关。当迷走神经张开时，我们会特别开心。从生物进化的角度来看，这是因为人类在站立起来以后，自然而然希望迷走神经处于舒展的状态。

举两个简单的例子。你在看到美好的事物时会有什么反应？答案一定是抬头挺胸、身心舒畅，此时迷走神经充分舒展。你在发现糟糕的事情时可能会喊"哎哟"，你的声音短促、急迫，此时迷走神经处于受压迫状态。

哲学家康德说过一段意味深长的话："有两种东西，我对它们的思考越是深沉和持久，它们就越会在我心中唤起日新月异、不断增长的惊奇和敬畏：我头上的星空和我心中的道德法则。"

为什么星空和道德法则会让人产生一模一样的反应？康德是个哲学家，他不知道原因，但是他知道这种体验——其实就是迷走神经张开之后的自然体验。所以，人类在进化时选择的是积极的天性。

藏在大脑里的快乐密码

跟很多人想象的不同，幸福并非一种抽象的概念、哲学的思辨。神经心理学家在研究大脑的物质基础后发现，幸福并非源自外部世界，它取决于我们大脑内部的感受。幸福绝对不是虚幻的概念，起码有三个特别重要的生理指标和幸福密切相关。

第一，幸福的人的杏仁核不是特别活跃。

快乐感产生的第一个神经生理条件是我们大脑里一些区域的活动，这些区域包括边缘系统、杏仁核、快乐中枢，这些脑组织结构直接影响我们对愉悦的感受。

杏仁核位于海马体和侧脑室下角顶端稍前处，形状大小如同一颗杏仁，它是人类脑组织中的一个很小的存在。如此不起眼的"小玩意儿"却是我们情感行为的核心，是存储恐惧和焦虑信息的重要神经组织结构。当我们由于愤怒而挥拳相向，由于伤心而泣不成声，由于沮丧而唉声叹气时，都是这个小小的杏仁核在驱使我们这么做。

因此，当杏仁核特别活跃的时候，我们会处在比较强烈的负面情绪之中；当杏仁核的活动受到抑制的时候，我们更容易感到幸福和快乐。当然，完全失去杏仁核的警示作用是非常危险的，不过短暂地抑制杏仁核的活动可以消除我们的消极情绪。所以从生理指标监测上看，一个幸福的人的杏仁核绝对没有过分活动。

第二，幸福离不开一些神经递质的分泌。

大脑有一个特别重要的神经加工中心叫作VTA（中脑腹侧被盖区），它分泌的神经递质（也叫神经传递素、神经传导物质），如内啡肽、多巴胺、催产素、血清素等，和幸福的体验密切相关。

什么是神经递质？大脑的神经细胞并不是紧紧相连的，而是存在很小的间隔，就像古代两个国家在边界线建造各自的城墙，彼此相隔一定的距离。神经细胞相互连接，就好比两个国家之间的沟通需要有传话的信使和收信的大臣。神经递质就像信使，它将前一个神经细胞的信号传递给下一个神经细胞。而在下一个神经细胞表面存在着特定的"收信大臣",它叫作神经递质受体,它们会将这些"信使"的信号翻译成自己"国家"的语言,从而调控自己所在细胞的活动。

每个人在刚出生时,并不是本能地就知道什么是快乐。相反,大脑会根据过去的经验,通过与之相关的脑神经通道,来决定什么时候释放与快乐相关的神经递质。换句话说,我们的每一次体验和感受都是在"训练"大脑,让它下一次在面对某种外在刺激时,能准确判断是否值得释放与快乐有关的神经递质。

这种大脑神经通道的形成主要发生在幼儿时期,所以我们小时候经历的开心事对于幸福感的建立非常重要。每当这样的事情发生时,与快乐相关的神经化学联系就会建立。通过不断重复,大脑对于幸福感的神经连接就会加强。

举个例子,饥饿对于孩子来讲是很不愉快的体验。如果妈妈给孩子一碗面或者一块饼干,让这种不愉快的感觉得到缓解,孩子的大脑就会建立这些食物和快乐感之间的神经化学联系。当这样的事情重复很多次以后,这些食物给孩子带来的快乐感就会得到强化。这样的关联一旦被建立,就会影响我们很长时间。这就是为什么很多成年人在难过和抑郁时,很想吃到自己在童年吃过的食物,因为那是他们记忆中"快乐的味道"。

第三,幸福需要大脑前额叶的参与。

大脑前额叶是对我们体验幸福特别重要的区域,我们对

"意义"的感受，包括灵性、悟性、德行等，都与大脑前额叶的活动有关，它在某种程度上可谓"幸福的审判官"。

前文谈到，神经递质及边缘系统等脑区的活动会让人感到特别开心，甚至还会让人上瘾，但是幸福的感受不止于此，它源自大脑对这种快感的理解、判断。

比如，一个三百多斤重的胖子在面对美味佳肴时，虽然感官刺激和食欲可以让他的大脑分泌各种神经递质，但是这种快感对他没有积极意义，他不会产生幸福的感受，因为没有大脑前额叶的参与。

又如，一些人喜欢抽烟、酗酒，他们在此过程中会有一些愉悦感，但是在清醒之后就会觉得懊恼、悔恨，甚至很痛苦，这也是大脑前额叶的作用，它能让人感受到意义、价值、目的和社会规范。

如何刺激"快乐神经"，提升幸福感？

与愉悦感有关的神经递质主要有四种：多巴胺、内啡肽、催产素和血清素。每种神经递质的触发机制不一样，了解它们是怎样工作的，我们就可以对症下药，找到激发它们"卖力干活"的方法。

第一种能引发愉悦感的神经递质是多巴胺，它能激发我们的欲望。换句话说，当你有特别强烈的欲望去完成某件事情、做出某种行为时，你的大脑就会分泌大量多巴胺，驱使你继续追寻欲望，并在此过程中给你带来快乐与满足。

人类很多的成瘾行为都和多巴胺的分泌有关。比如吸烟、吸毒、酗酒、性行为等，都可以促进多巴胺的分泌，使上瘾的人感到特别开心和兴奋。人们在很多时候甚至都不需要做出实际行为，仅仅想到相关场景都会促使大脑分泌大量多巴胺，产生欲望。

那什么样的活动可以激发大脑释放多巴胺呢？我的建议是去做那些让你觉得特别有激情、有动力的事。当然，前提是这些是有益于身心健康的事，而不是吸毒、吸烟、酗酒等有害身心的危险行为。

第二种会让我们产生愉悦感的神经递质是内啡肽，它是大脑内部可以自行生成的一种类似吗啡的生物化学物质。促使内啡肽生成的因素很独特——身体的疼痛。当然，疼痛无法给人带来快乐的感觉，但是内啡肽可以。内啡肽可以帮你"隐藏"身体的痛苦，让你坚持完成某个任务或者做出某种行为。

如果你经常跑步，那你就一定可以体会到运动给人带来的快感。你在不断地推动自己超越自我极限，咬牙坚持多跑一百米后得到的快感就是内啡肽带给你的。我们常说的奋斗之后的快乐，有很多其实源自内啡肽的作用。

做什么样的事情可以促进内啡肽的分泌呢？答案是：保持定期的、有规律的运动。很多人都知道运动的好处，但因为种种原因坚持不下来。运动如果没有成为习惯，那么对促进内啡肽分泌的作用不大。只有在不断重复运动这种行为，让它内化成我们自愿、自然的一种习惯时，内啡肽才会分泌。因此在这个过程中，我们要有耐心，也要有意志力，持之以恒地运动，才会有持续激荡的快乐。

第三种与愉悦感有关的神经递质是催产素，它又称"爱的激素"。也许在刚听到这个名词时，你会联想到女性生孩子的情景。对处于孕产期的女性而言，催产素确实非常重要，它可以刺激乳腺分泌乳汁，在分娩过程中促进子宫收缩，并激发母爱。催产素也可作为注射药物用于引产、产后止血等。

然而，催产素的作用远远不止于此。它并非女性的"专利"，男女均可分泌催产素。催产素在日常生活中更重要的作用在于减少人体内的肾上腺酮等压力激素的水平，降低血压等，它能有效抑制负面情绪的加工，降低个体防御和恐惧的感受，增进我们对他人的信任，从而促进社会关系的发展。

任何能够增强我们的爱、归属感和信任感的人际互动行为，都会促使大脑分泌催产素，让我们感到快乐幸福。这种人际互动行为包括温暖的拥抱，富有同理心的对话，温情的陪伴，与他人的联系，与支持自己的家人、爱人或者朋友待在一起。特别是每天来自爱人的拥抱可以促使催产素形成，能对抗抑郁症。

第四种能引发愉悦感受的神经递质叫血清素，它在某种程度上是情绪的调节剂。我们常说的"寝食难安"，从生理角度而言，就是由于体内血清素水平比较低。血清素影响我们的胃口与情绪，提高血清素含量有助于增进食欲、改善睡眠、振奋心情，防止情绪低落和抑郁。

当我们对生活有自主性、掌控感，在人际关系中能感受到自己对他人的影响力时，这都会激发大脑中血清素的产生，让我们产生幸福满足的感觉。比如，我们应该了解自己的身心状态和能力边界，先把能做的事情做好，获得自信和愉悦的感受后，再挑战"舒适圈"外的任务，同时根据过程中的感受和反馈等及时调整目标和期待。此外，多跟他人互动，为周围的人做一些力所能及的小事，也能让我们获得价值认同与归属感，这样的愉悦感受持续的时间往往更长。

第 二 章

积极的力量

拯救"不开心"

做一个乐观的人

美国著名心理学家、美国心理学会"终身成就奖"获得者马丁·塞利格曼（Martin Seligman）博士是我从事积极心理学最重要的支持者和合作者。在好几次国际积极心理学大会上，马丁都请我做主题发言。他也为中国积极心理学的发展做出了巨大贡献。作为清华大学心理学系荣誉教授和幸福科技实验室荣誉主任，马丁多次来华讲学并从事研究工作，他有好几个优秀的学生在清华大学积极心理学研究中心工作，帮助我推动积极心理学在中国的发展。

有意思的是，在成为积极心理学的创始人之前，马丁一直致力于研究传统的消极心理学，直到他跟5岁女儿尼奇的一次谈话震动了他，使他认识到在过去的数十年间，研究抑郁等消极心理让他一直生活在阴郁的气氛中，心中积压了很多负面情绪。于是他决定从那一天开始让心灵充满阳光，让积极情绪成为心灵的主导，由此转向并推动积极心理学方面的研究。

关于积极心态的重要性，马丁曾跟我分享了一个有趣的案例。

多年以前，美国大都会人寿保险公司曾找马丁做一项有关乐观对业务员工作的影响的研究，有一个叫德尔的超级业务员给他留下了深刻的印象。

德尔曾经在宾夕法尼亚州东部的一家屠宰场工作了26年，可以说，他整个前半生都在那里工作。这份工作不算愉快，但至少他工作的清洗部门比其他部门稍好一些。后来，肉类供过于求，生意越来越糟，他被调到屠宰部门，那里的工作让他非常不适应，不过为了生活，他还是得做。直到一个周一的早晨，他照常去工厂，却发现工厂大门口挂了一块牌子，上面写着"关闭"。

虽然德尔从没有做过销售，也不知道自己是否擅长销售，但他不打算后半辈子靠领救济金生活，于是他去应征大都会人寿保险公司的业务员。尽管他没有通过传统的保险行业职业剖析测试，但他还是被录用了，因为他符合该项研究对"特别录用组"的要求——他的归因风格测试分数很高，这个高分说明他很乐观。

后来的事实证明塞翁失马，焉知非福。德尔在入职后果然成为一名超级业务员，他不但有韧性，还有想象力，可以在任何人都想不到的地方找到新客户。卖保险的第一年，他的薪水比在屠宰场工作时多了50%；第二年，他的薪水增加了一倍。此外，他热爱这份工作，特别是工作的自由度——他可以自己安排工作的时间和地点。

有一天，马丁接到德尔的电话。"今天早上我的心情非常不好，"德尔说，"我花了好几个月才拉到一宗大生意，这是我工作以来最大的一单。但是两个小时之前，承保部门打电话告诉我，他们决定拒绝这桩生意，所以我打电话给您。"

"好的，德尔先生。"马丁回答道，但他不明白德尔为什么找他，"我很高兴你打电话来。"

"塞利格曼博士，我知道您为大都会人寿保险公司挑选了一组胜利者，不论什么不好的事发生在这组人身上，就像今早发生在我身上的这件事，他们都会继续往前冲。我猜您不是免费为保险公司做这件事的吧？"

"你说得对。"

"那么，我想你应该回馈一下，买我的保险吧！"

马丁真的买了。

为什么乐观的人不容易生病？

心理学家戴维·迈尔斯指出，乐观主义是追寻生命意义和幸福的法宝。乐观的心态能够帮助个人用更加客观的视角看待生活，并清醒理智地面对真实的人生，从而获得解脱，实现超越。

科学家在研究负面情绪和疾病之间的关系后发现，乐观和我们的身体健康、生活满意度、未来发展等都有相关性，且大都是积极正面的相关性。

首先，乐观能让免疫系统更强健。

在与疾病抗争的过程中，乐观主义发挥着相当重要的作用。心理学家玛里达·福尼尔（Marijda Fournier）对800余名被试进行回溯研究并发现，乐观者的平均寿命比悲观者长19%。

人的免疫系统与大脑相连，而心理状态又跟大脑的状态相关。有很多证据表明，当一个人感到抑郁时，其大脑的某些神经递质，如儿茶酚胺会变得匮乏，从而使得内啡肽（即身体制造的吗啡）的分泌增加。人体免疫系统在探测出内啡肽的水平增高时，就会减少自己的活动。如果一个人经常陷入悲伤等负面情绪，大脑内的内啡肽持续维持在较高水平，免疫系统的活力就会逐渐被消耗，而积极乐观的情绪能够提升免疫系统的活力。

其次，乐观能使人维持良好的健康习惯。

一项对100名哈佛大学毕业生的为期35年的长期追踪研究发现，悲观者比乐观者更不容易戒烟，且更容易生病。而乐观者习惯掌控自己的命运，更愿意积极采取行动（例如运动等）来保持健康，预防疾病。更健康的饮食与生活方式反过来也会让人身体更好、心态更积极。

再次，乐观的人拥有更多的社会支持。

每个人都喜欢和积极乐观的人交往，他们就像太阳，能将周围的人照亮。因此，跟悲观者相比，乐观者更容易获得深厚的友谊和爱情，尤其在遇到危机和遭受厄运时，朋友、亲人的安慰和鼓励会给他们更多战胜困难的勇气。

最后，乐观的人离"好事"更近。

统计显示，一个人在某一段时间遇到的坏事越多，他就越容易生病。悲观者较少主动采取行动来避免不好的事，而且在事情发生后也较少采取行动来止损，因此在他们身上发生不幸事件的概率比一般人高。而乐观者更多采用"以问题为中心"的策略来调整情绪、解决问题，在积极的心态、健康的生活方式、广泛的社会支持的综合影响下，乐观者比悲观者更容易远离坏事的侵袭。

阿Q精神不是乐观主义

我在中国推动积极心理学事业以来，经常遇到这样的提问：你推荐的积极心理学是不是一种精神胜利法？它和阿Q精神究竟有什么不同？

将乐观主义和阿Q精神等同看待其实是不对的。曾任北京大学中文系教授的黄修己先生在《中国现代文学发展史》中如此描述阿Q精神：

> 这就是他的自欺欺人、自轻、自贱、自嘲、自解、自甘屈辱，而又妄自尊大、自我陶醉等种种表现。简言之，是在失败与屈辱面前，不敢正视现实，而使用虚假的胜利来在精神上实行自我安慰，自我麻醉，或者即刻忘却。[1]

从心理学的角度分析，阿Q精神属于逃避型和自欺型消极心理防御机制的结合。虽然它可以让人在遭受苦难与挫折后减轻或消除心理压力，快速恢复心理平衡，但其消极意义也非常明显，它会让人因此自欺欺人，故步自封，进而导致更加严重的心理疾病。

鲁迅先生笔下的阿Q苦于自己社会地位低下，没能在现实生活中获得满足，便在精神想象的空间中寻求补偿。阿Q的精神胜利法说到底就是他的自卑心理的反向补偿。

具体而言，乐观主义与阿Q精神有三个显著区别。

第一，主观与客观是否统一。

阿Q的精神胜利法是从维护他的自尊心发展出来的，但是阿Q的这种自尊不是完全建立在实际"成就"上的，大部分是落在自以为是的"见识高""先前阔""赵太爷是我本家""将来我的儿子会阔得多"等毫无根据并且荒诞的信念上

---

[1] 黄修己. 中国现代文学发展史[M]. 北京：中国青年出版社，1988.

的。这只能说是一种自卑的变态心理的异常反应。

乐观主义建立在健全的人格之上，而健全的人格是主客观统一的。乐观主义是在客观事实的基础上，形成乐观的心态及对未来有信心的展望。因此，主客观统一是乐观主义的特点之一，若只拥有"阳光"心态，却没有事实做支撑，那就是愚昧的阿Q精神。

第二，注重的时间维度不同。

阿Q的精神胜利法大都是他在生活遇到挫败后开始使用的，阿Q精神是对已经发生的失败进行的意淫式的扭曲。即使阿Q会对未来展开一系列不切实际的想象，例如"我的儿子会很阔"，但这一切只是他对自己过往所有失败的安慰，指向的是他失败的过去。

而乐观主义指向未来，不过它也会对过去和当下的个体产生影响。比如，对于"考试没考好"这件事，乐观者的想法是：这次没考好是因为我不如别人努力，我从今天开始认真努力，下次会考好的（对未来的展望）。而阿Q的想法是：这次没考好，不过没事，还有那么多人比我差呢，我还不错，就这样挺好（对失败的安慰）。

第三，是否产生积极影响和好的结果。

阿Q否定且不承认已经发生了的不愉快的事情，而是当作它根本没有发生。阿Q的精神胜利法是典型的合理化（一种中性心理防御机制），是个体无意识地利用合理的解释来为难以接受的行为辩护，以掩饰自己的无能、过失。

由此可见，阿Q精神是病态的、消极的，有时是有害的，甚至是邪恶的。它使人在自我欺骗中与现实社会环境脱节，从而失去自我，甚至以付出生命为代价。但乐观主义作为积极心理学中的重要概念，能够通过使人着眼于行动，给人的生活带来积极影响和好的结果。

积极心理学不是"心灵鸡汤"

积极心理学是建立在科学原则基础上的一个新兴领域，科学的一条基本原则就是相对的真实性。我们不一定知道自然世界和人类生活中所有真实的情况，但起码不能否定事实和证据。比如，面对雾霾，阿Q精神主义者通常不承认它存在，或者认为所有人都是"平等的"受害者而淡化它的危险，甚至变态地认为"吸雾霾"是人间最美好的体验。但拥有积极心态的人想到的却是如何去应对、改变雾霾现状，如何推动进步。

因此，积极心理学家所说的"积极"不是要去混淆是非、粉饰太平、歌功颂德或者自我麻痹。我们只是相信，人类的积极心理，如幸福、对美的追求、创新精神、善良、道德，甚至信仰等，同样值得研究，而不只是关注人类的焦虑、抑郁、攀比等消极心理——这恰恰是20世纪学术界所关注的重点。

我个人认为，积极心理学能否成功发展，在很大程度上取决于它的科学性，这也正是它区别于其他"心灵鸡汤"和宗教信仰的地方。令人欣喜的是，在过去十年里，积极心理学专家发现了很多经得起检验的相对真实的事实，这样的科学发现非常值得自豪。我在这里就举九个有科学证据的例子（"九"在中国传统文化中是代表极致的数字）。

◎ 大部分人是心理健康的，而且是快乐的。

◎ 人心是坚强的，不幸是可以克服甚至超越的。除了至亲之人亡故之痛比较长久，其他痛苦带来的伤害都有可能较快愈合。

◎ 人性是善良的，即使是婴儿也有善恶之辨。

◎ 情感在我们的生活中有很重要的意义，情商比智商重要。

◎ 信仰很重要，人要心存敬畏。

◎ 养生重要，养心比养生更重要，积极的心态是长寿的重要原因。

◎ 关心他人很重要，良好的人际关系是幸福感的重要来源，而良好的社会关系是我们应对各种挫折和失败的最好保障。

◎ 金钱对幸福的影响是边际递减的，人把钱花在有意义的事情上更容易产生幸福感。

◎ 幸福的生活是可以学的；知行合一是有道理的；追求高尚，甚至只是心向往之，也比无动于衷、自甘堕落好得多。

当然，积极心理学还是个年轻的学术领域，它还有很多未知的问题亟待探索和发现。但我们有足够的证据支持积极心理学不是"心灵鸡汤",更不是阿Q的精神胜利法,它所关注的是人心中的善良天性,人类社会的正能量,以及我们共同具备的灵性、悟性、善意和德行。

乐观不是成功的保障

为了弄清楚乐观主义的价值到底有多大,加州大学的心理学研究者在网络上招募了150名被试,将他们分为参与组(即真实参与实验任务)和观察组(即了解参与组情况,并进行预测)。

参与组被试共经历两个步骤。第一步,研究人员发给被试5张人物照片,让被试猜测照片中人物的年龄。猜测完毕后,研究人员随机将被试分配为高乐观和低乐观两组(和他们猜年龄的表现无关)。研究人员告诉高乐观组被试,根据刚才的测试,他们在真实测试中的正确率为70%,而低乐观组则被告知正确率为30%。

第二步,告诉被试正式任务开始,给被试10张人物照片让其猜测年龄,通过比较高乐观组和低乐观组被试的答题正确率来验证乐观信念的作用。对于观察组的被试,研究人员详细介绍了参与组的情况,并让他们推测参与组被试在正式任务中的正确率。

结果显示,在参与组中,高、低乐观信念并不会直接影响被试的任务表现,即高乐观组的实际表现并没有比低乐观组更好；在观察组中，被试普遍推测高乐观组的任务表现会更好。

该结果说明，乐观信念并不会直接提升人们的实际任务表现，但大家愿意相信乐观有作用。也就是说，乐观主义本身并不是我们实现成功的决定因素。我们如果盲目崇拜乐观信念的作用，反而可能忽略现实，降低风险防范意识，掉入追求成功路上的"陷阱"。好比面对雾霾，我们光保持乐观精神是不够的，还要有解决问题的行动。不过相信这样的问题能被解决是激励我们去行动的心理基础。

因此，要获得成功和幸福，仅仅依靠"仰望星空，乐观微笑"是远远不够的，归根结底，我们还需要脚踏实地地提升自身实力，并不懈地向目标奋进，做一个行动的乐观主义者。

焦虑时，停一停

在离跟编辑约定的交稿日期只剩一个月时，我还有两个重要的章节没有完成。出差、讲课及大量事务性工作让我几乎每个工作日都忙得喘不过气，我只能每天尽量早起晚睡，或利用周末的偶尔闲暇来"追赶工期"。

某个周六，我为自己制订了完美的写作计划：早起，把手机调到静音，请助理把所有应酬、工作延期，然后把自己锁在家里，看看在这难得空闲的一天里，我能专心致志地写出多少字。

然而，当我从浴室出来，在桌上摸索着拿眼镜的时候，糟糕的一幕出现了：朦胧中，我不小心撞翻了笔记本电脑旁的咖啡杯！散发着浓郁香气的大半杯咖啡就这样哗啦一下泼到打开的电脑上。而我这位年久失修的"老朋友"显然再也经不起折腾——黑屏、死机，怎么也无法被唤醒。我向助理求助，她建议我赶紧把电脑送去维修中心——很可能硬盘驱动器损坏了。

就在我手忙脚乱地收拾残局时，一股懊悔、自责的情绪在我心中升起。怎么会这样？好不容易挤出来的时间看来要浪费在修理电脑上，写作计划估计又要泡汤……等一等，这些想法怎么跟我打算写的主题那么像？"别让消极情绪控制你"，这是巧合，还是老天送上门来的一个挑战？

写到这一段内容的此刻，我啜着咖啡在暮色下写作。经过"抢修"，存在电脑硬盘里的书稿文档被悉数拷出，助理又及时送来另一台笔记本电脑救急，不到中午，所有问题都被妥善解决了。当我打开一个空白文档敲下这段插曲时，我感觉到了前所未有的轻松。

负面情绪的"多米诺效应"

关于令人猝不及防的坏事件，从心理学家阿尔伯特·艾利斯（Albert Ellis）创建的情绪ABC理论的基础上延伸出了一个"ABC模式"：当我们碰到不好的事件（adversity）时，我们最自然的反应就是不断想起它，这些思绪很快凝聚成想法（belief），不管是有意识的还是无意识的想法，都会引发行动，产生后果（consequence），比如放弃、变得沮丧或者振作起来再尝试等。

在"咖啡事件"中，多数人的第一反应肯定是沮丧、郁闷。然而，这样的负面情绪持续多久，随之采取怎样的行动，却是因人而异的。以我为例，我虽然也有挫败感，但有心理学知识的武装，我很快便调整好心情，开始集中精力解决问题，把损失控制在最小范围之内。

而有的人也许会陷入负面情绪，不断懊悔地抱怨，甚至"脑补"出更多情节："天啊，一切都毁了！我还没来得及备份，存在电脑里的书稿如果找不回来，这大半年我就白忙活了……重写肯定来不及，接下来几个月的工作安排得满满当当，我无论如何也挤不出时间……我不但要跟编辑爽约，今年最重要的出版计划也要就此搁浅……"

这就是负面思维的"多米诺效应"，也就是认为不好的事情必然会接二连三地发生。如果我们习惯将事件"灾难化"，随着"打击面"的扩大，相关结果会越来越让人难以承受。我们会开始怀疑自己是否有足够的信心和能力应对，于是延缓解决问题的行动，在抱怨和懊悔中，思维也开始混乱……

从进化心理学的角度来看，我们有很多担忧跟人类的优势有关。人和动物不太一样，我们的大脑前额叶非常发达，所以我们喜欢思考。其实动物也有应激反应，但它们不怎么思考，所以它们很快能够释放情绪，然后达到平衡。我们知道，应激反应就是在出现应激源之后，会有一种压力激素让我们全身心激动，以应对当前的困难，危险过去之后，我们就会马上放松。

但人类的问题是爱想事。爱想事本来是好事，但也有副作用——过度思考。哈佛大学心理学系主任丹尼尔·吉尔伯特（Daniel Gilbert）做过一项研究，他调查了2 000多人，发现很多人在解决问题时，有46.9%的时间都在想跟目标无关的一些事（比如别人在干什么、人际关系、社会规范、面子等）。换句话说，不是这件事情让我们担忧，是我们为这件事情产生的想法让我们担忧。

与此类似的还有，我们有时对某人说"你让我不开心"，其实不是因为这个人让我们不开心，而是因为我们觉得他做的一些事情对我们有别的意义或给我们造成了伤害，让我们不开心。

所以，面对一些突发的坏事件，很重要的一点是改变我们的想法：有没有另外一种可能性？有没有其他的不同解释？是否可以从中得到一种好的结果？我们改变自己对这些事情的想法，从不同角度考虑各种可能性，也许就能改变心境。

如果你觉得想太多反而容易让自己有压力，那你也可以将思维集中在让你开心的事情上，不去想烦心的事情。如果你喜欢喝茶，那你就慢慢地喝茶，花时间品茶；如果你喜欢听音乐，那你就欣赏音乐；如果你喜欢看小说，那你就慢慢地看小说。发掘让你产生"福流"的体验，这种体验多了，你的大脑就没有时间去过度思考了。

还有一个建议就是，给自己三分钟的反应时间，让激动的心情平复下来，而不要带着负面情绪冲动行事。如果实在不行，就强迫自己集中精力数数，数到一定数字的时候，再说话和做事。

笛卡儿的错误：消极情绪的积极意义

很多人说，"愤怒出诗人"，一举例子就会提到杜甫。其实没有心理学的证据支持愤怒容易出诗人这一说法。杜甫是一个心态特别积极的人，他不是因为愤怒才写出伟大的作品的，他是因为伟大才会为一些人间的不平表达愤怒。杜甫说过一句特别积极的话，"读书破万卷，下笔如有神"，这句话说的不是别人，正是他自己。很难想象一个满怀愤怒的人会沉得下心博览群书，笔耕不辍。

当我们处于愤怒等消极状态的时候，我们的思路和行为容易集中在自己熟悉的选项上，逃避倾向也比较明显。反过来，在开心、积极的时候，我们的思路会更加广阔，行为的选项会更加丰富，行动的力量和灵活性也比较强，创新能力更是有显著的提升。

有些人可能会说，既然负面情绪这么烦人，而且经常让我们不开心，那么平时我们就应该训练自己杜绝此类情绪的产生，永远保持快乐、积极，这样不是很好吗？这是非常错误的想法。无论是消极的还是积极的情绪，都是人类进化选择的适应策略，都有积极意义。

神经系统科学家安东尼奥·达马西奥（Antonio Damasio）指出，西方思想界的一个历史误区就是贬低了情绪的作用，他把这种错误称为"笛卡儿的错误"。现代心理学认为，情绪不只是一种感觉，它还能够帮助我们做出判断和行动。

首先，那些看起来非常消极的情绪，是大脑在向我们报警。情绪是进化选择的人类适应机制，能保护人类生存。

◎ 当我们对一个新的环境感到恐惧时，恐惧会促使我们逃跑，让我们脱离危险。

◎ 当我们感到愤怒时，愤怒会促使我们攻击敌人或者示威，提醒我们保护自己及自己所珍爱的人和事。

◎ 当我们感到伤心时，伤心会促使我们关注我们即将失去的人和事，也提醒我们可能有更大的损失即将产生。

◎ 当我们感到厌恶时，厌恶会促使我们逃离自己厌恶的事物，维护内心的选择与道德标尺。

◎ 当我们感到焦虑时，焦虑会促使我们集中注意力，对身边或不远的未来可能出现的危险提前发出警示。

在漫长的人类进化史上，正是负面情绪帮助我们的祖先存活了下来。如今这些负面情绪已嵌入人类的基因，成为人体宝贵的本能，帮助我们在潜意识层面瞬间识别危险。这样一种能快速激发身体反应的警觉系统，当然有着极其正面的意义。

其次，没有情绪，就没有决断力和行动力。

一个完全没有情绪的人虽然可以临危不惧，非常理性地分析外界事物，但他下不了决心做选择，也就没有行动力。就像一个优秀的女生在被两个优秀的男生同时追求时，虽然她能够理智地说出每一个男生的优缺点及接受与不接受追求的利害得失，但是如果没有感情在背后驱动，没有情绪的激发，她就很难下定决心二选一。

再次，情绪记忆最刻骨铭心。

从学习的角度来看，我们都知道兴趣是最好的老师，死记硬背很痛苦，寓教于乐就轻松多了。兴趣就是一种积极情绪，在身心愉快、舒展的状态下学习，能达到事半功倍的效果。

情绪记忆在人脑中维持的时间最长，也最容易被人提取。这就是为什么人最难忘的是"洞房花烛夜，金榜题名时"，因为人生中最美好的时刻往往能激发强烈的情绪活动，让人记忆深刻。

最后，对复杂情绪的品味是我们感受幸福的核心。

月有阴晴圆缺，人有悲欢离合。知道盛宴易散，能激发我们尽情享受当下的欢愉；明白生命有限，才让我们更珍惜时间。构筑人类积极天性的基础，是感性与理性的交互作用，无论善与恶、好与坏、美与丑，都有其相对的一面。感受生活的多面性，以一颗包容的心去品味情绪的复杂性，我们才能感受到幸福的核心，领会人生的真谛。

反转情绪，你需要方法

上一节说到，无论是消极的还是积极的情绪都是人类进化选择的适应策略，都有积极的意义。不过心理学家发现，每个人在对情绪的感受、理解、利用和管理方面都有很大的不同，接下来我想分享一个重要的概念——情绪智力。

"情商"或许跟你想的不一样

1991年，美国耶鲁大学著名心理学家、现任耶鲁大学校长的彼得·沙洛维（Peter Salovey）教授和新罕布什尔大学心理学家约翰·梅耶（John Mayer）教授提出：人类有一种社会智力，它与我们如何处理与别人的关系有关。有些人特别善于理解别人的心情，也对自己的情绪有比较敏锐的理解，他们知道如何调动情绪来帮助自己思考问题、做出判断和决策，也能够理解各种情绪的意义，并监控自己的各种情绪。情绪智力高的人的人际关系通常比其他人更好,生活得更积极,有更幸福的体验。

这项研究直到1995年才真正被公众接受。那一年,时任美国《纽约时报》科学记者的丹尼尔·戈尔曼(Daniel Goleman)出版了《情商:为什么情商比智商更重要》一书,引发全球性的情商讨论。这本书于1997年被翻译成中文并引进中国大陆,"情商"(EQ,情绪商数)成为中国社会大众耳熟能详的一个名词,因此丹尼尔·戈尔曼也被誉为"情商之父"。

公平地说,沙洛维教授才是"情商"的真正发现者,而且情商一词虽然在全球已经深入人心,并被广泛使用,关于它更科学严谨的表述还是情绪智力(EI)。因为"情商"容易使人误解,好像只是关于处理情绪管理的问题,但是情绪和认知从来都是互相联系、互相促进的。

情绪活动需要认知的参与。当看到一个人突然微笑的时候,我们不是简单地体会到快乐、愉悦,而是会分析一下,如果这个微笑是冲着我们的,那么我们肯定很开心,但如果这个微笑是冲着别人的,那我们就未必开心了。又如,"洞房花烛夜"固然让人很幸福,但如果是隔壁的洞房花烛夜,那它就未必会让其他人感到幸福;"金榜题名"固然让人很兴奋,但如果是他人金榜题名,那我们也不会感到特别愉悦。因此现代心理学认为,情绪和认知相辅相成,缺一不可。

情绪管理需要一定的智慧。上一节提到,让我们产生情绪反应的不是事情本身，而是我们对这件事情的思考，所以智慧的、积极的认知是调节情绪的特别重要的能力，情绪永远离不开智力的帮助。

那么，情绪智力包括哪些能力呢？

第一，自我认知能力，也就是能够自行察觉、认识到自身的情绪活动。把这种能力概括成一个成语就是"自知之明"。既能够在他人面前展示长处，也不会刻意掩盖自己的欠缺之处。承认自己的不足而向他人求助，不但不是一件羞耻之事，反而是一种自信、成熟和真诚的表现，因此，自我认知是一个人拥有成熟的情绪智力的重要基础。

第二，自我控制能力，也就是能够自我约束，妥善地管理自己的情绪活动。我们通常把这种能力称为"自律精神"，它包括能够控制自己不安的情绪和非理性的冲动，保持清醒的头脑，以及能够顶住来自各方面的压力，用自己的努力、真诚赢得他人的信任，并预测自己的行为将会如何影响他人。

第三，自我激励能力，也就是知道如何激发自己的潜能，对生活永远充满积极主动的精神。具备这种能力的人希望自己不断进步，从平庸走向优秀、卓越，同时，他们能够努力培养自己的谦虚、执着和勇气，愿意倾听各方面的意见，从而鞭策自己面对挑战，做人所不能及的事情。

马克·吐温说过，"勇气不是缺少恐惧心理，而是对恐惧心理的抵御和控制能力"。自我激励也包括提升自己的勇气，朝着理想不断奋进，这就需要控制自己任性的冲动，延迟满足，对目标与梦想始终保持高度的热情。

第四，认知他人的能力，也就是我们通常所说的同理心，能够感受、理解他人的情绪、意愿和行动的倾向。同理心强的人能够从细微处察觉别人的需求，做任何事情都会尽量站在对方的角度考虑，将心比心、设身处地地为他人着想。中国有很多这方面的俗语，例如"人同此心，心同此理""心有灵犀一点通"，它们说的其实就是同理心。

第五，处理人际关系的能力。一个人的人缘、领导能力、人际关系的和谐程度，与管理他人情绪的能力密切相关。知道如何让别人开心、满意，让别人快乐、幸福，是我们自己能够开心、快乐和幸福的重要保障，也是我们成为社会的精英、单位的领导、事业的成功者需要具备的特别重要的社交技巧。

综上不难看出，情绪智力的前三个要素指向自己，即需要随时随地认识、理解并妥善管理好自身情绪，后两个要素针对他人，即需要"想人之所想"，通过"管理"他人的情绪来营造和谐的人际关系。

五招教你掌控情绪

既然情绪智力对我们的成功和幸福有这么大的影响力，有什么训练方法能够提升它呢？我的建议是用"CREAM 法则"

（又称精英方法），顾名思义，它就像蛋糕上的奶油一样，是最漂亮、最有魅力的精华。

第一，觉知（Cognition）——控制情绪，释放压力。

在人类进化史上，我们那些过于乐观而察觉不出环境危险的祖先，很容易让自己身处险境；在现代职场上，没有危机意识的企业领导者，很难带领团队实现从优秀到卓越的飞跃。生活中，即便是幸福的人也会有情绪上的起伏，但他们整体上能保持一种积极的人生态度。

因此，当你发现自己出现了负面情绪时，不论导火索是他人还是自己，都不要排斥、抗拒它，而是要接纳它，把出现情绪波动看作一件很自然的事情，这是我们与生俱来的一种天性。别让自己陷入负面情绪中，因为它会阻断理性的思考。

觉知情绪状态的一个简单方法，是注意一下自己的心跳。当你的心跳快到每分钟一百次以上时，你的身体会分泌比平时多得多的肾上腺素，它会让你的大脑充血，使你失去理智，变得攻击性特别强，容易做出伤害他人甚至自己的举动。

此时要缓解并释放心理压力，有一种办法是利用深呼吸来激发副交感神经的活动。你可以慢慢地、深深地吸气，让吸入的气充满肺部，如果你能够做腹式呼吸，那么你在吸气时就会感觉到自己的腹部在胀气，然后慢慢地吐气，吐尽后再吸。这样深呼吸几次之后，你的心率很快就能降低。

有些人喜欢通过自言自语分散压力，比如他会说"我需要冷静""一切都会过去"。长啸一声把吸进去的气吐出来，也能起同样的作用。

第二，互惠（Reciprocity）——己所不欲，勿施于人。

人们常说，"快乐是会传染的"。无独有偶，荷兰乌得勒支大学的几位研究者通过实验发现，一个人在感到快乐时，他的身体会产生相应的化学信号，它们是一种有效的沟通媒介，能够让另一个毫无关系的人感受到这种快乐，甚至也产生快乐的感觉。

虽然该研究的样本比较小，还无法形成"情绪是有味道的"这一定论，但我们在生活中都有这种体会，如果某个事物让我们感觉不开心、难以接受，那么别人大概率也会有同样的感受。因此，当你情绪低落时，你可以选择独处，也可以跟好朋友、亲人谈心，但不要随意把负面情绪传播给"安全区"外的其他人。

第三，同理心（Empathy）——理解别人的感觉与情绪。

为什么少不更事的孩子往往显得冷酷、自私？可能并不是因为他们的智商不够，也不是因为他们的情商有缺陷，而是因为他们阅历贫乏，缺乏经验，不那么善解人意。因此，要理解别人的感受，我们首先就要拓展自己的阅历，多去接触、了解社会。我们只有经历得足够多，活得丰富多彩，才能"感同身受"地推测、理解别人的心理状态。

加拿大多伦多大学的雷蒙德·马尔（Raymond Mar）教授

和同事发现，阅读文学作品，尤其是小说，不失为提高同理心的一个好方法。他们比较了长期阅读小说和非小说的读者，发现前者在解读他人心理活动的测试中表现得更为突出，小说阅读量越大的人越擅长观察人心。美国俄勒冈大学的心理学家玛乔丽·泰勒（Marjorie Taylor）及其同事还发现，从事小说创作五年以上的人的情商往往比别人高很多。

第四，接纳（Acceptance）——看清它，才能打败它。

南非的"人权斗士"、诺贝尔和平奖获得者曼德拉，由于反抗白人种族主义而被监禁了二十多年，他说："当我走出监狱，迈向通往自由的大门时，我已经清楚地意识到，如果不能把悲痛和怨恨留在身后，那么我其实还是生活在监狱之中。"

焦虑不可怕，可怕的是你都不知道自己处于焦虑状态，也就是完全被焦虑控制，这是很危险的。接纳当下的状况，并不代表屈从于正在发生的事情，而是弄清现状。我们无论多么悲伤、痛苦、恐惧、焦虑，都要清楚内心的体验、感受，这样我们才知道如何去调整心态，转化情绪。

第五，管理（Management）——控制情绪活动，积极解决问题。

当我们穿过情绪的风暴，能够相对冷静、客观地面对当下的处境时，我们就要着手研究现状，分析产生这个问题的原因是什么，然后对症下药。

有时我们可以凭一己之力解决问题，控制局面，这当然很好,但在更多的时候,我们需要跟其他人沟通。在自然界,靠单打独斗很难生存下来;在人类社会,多沟通、交流才能消除误会分歧,团结合作才能无往不利。

还有一种情况:有时压力源不在我们这儿。比如,在2020年年初新型冠状病毒引发的疫情中,很多人的焦虑不是来自病毒,而是可能来自别人的行为(如左邻右舍不做防护措施),怎么办?止损也很重要。我们要有一种说"不"的本领,远离并忽视这种压力源,保护并照顾好自己。

遇到挫折怎么办

有研究者统计了人在一天中会遇到的所有难题的数量,从最轻微的挫折到最惨烈的悲剧都包含在内。研究者发现,在1991年,全球平均数量是3个;仅仅6年后,这个数量就成了32个。而现在,我们每天要遇到的大小挫折的数量恐怕多到难以想象。

睡过头错过了飞机,出门忘带手机,电脑突然死机导致丢失数据……这些让人头疼的意外总会以较高频率出现在我们的生活里,好在平复情绪、打起精神后,多数人还是能够想办法克服这些"小麻烦"的。然而,类似重病、交通事故、金融危机乃至自然灾害这样的重大事件,因为难以掌控,且后果更严重，所以往往会给我们的身心造成巨大打击。尤其是我们在奋起反击后却发现于事无补，随着时间的推移，无助感会慢慢演变成绝望，最终形成"无助—绝望"的循环。

每个人心里都有一堵墙

当内心面对挫折和痛苦时，如何减轻精神压力，恢复心理平衡，甚至激发主观能动性呢？这就涉及精神分析学说中的一个非常核心的概念：心理防御机制。

比如，失恋的人会不断强迫自己忘记过去那段感情（压抑）；当医生告诉某个人患了重大疾病时，那个人会马上想到医生一定搞错了（否认）；备受欺负的女孩常常幻想一位王子会骑着白马来解救自己（幻想）；我们在经历特别难以忍受的痛苦时会大喊大叫，或者躲在家里躺在床上不见别人（行为倒退）；当我们感到愤怒、不开心时，我们会去超市不加节制地买东西，或者对别人恶语相向，甚至攻击别人（发泄）。

无助让人悲观：既然无论做什么都无法改变命运，那就干脆放弃行动，在大脑中给自己建一堵墙，隔开内心真正的渴望。这些不成熟的心理防御机制既不利于身心健康，也会对我们的人际关系造成很大的负面影响。如果说上述这些心理防御机制是"情绪炸弹"，还有一些被科学家视为中性的心理防御机制则像"心灵鸡汤"，它们是大脑对我们的麻痹和安抚。

比如，有些人在被老板训斥以后把满腔怨气发泄到自己的配偶或者孩子身上（转移）；有的男孩明明喜欢一个女孩喜欢得不能自拔，却对她恶语相向，甚至刺激、贬损对方（反向的行为表达）；考试作弊的学生认为成绩好的学生也在作弊，而且与自己相比有过之而无不及（投射）。

尤其在人们遭受挫折、无法达到目标，或者行为表现不符合社会规范的时候，他们经常会找一些理由来为自己辩解，掩盖面临的窘迫处境，或者隐瞒自己的真实动机。比如，有些学生认为考试成绩不佳是因为老师讲得不好，这样想会让他们感到轻松很多。

合理化的一种常见的表现是酸葡萄心理。有的男孩追不到自己喜欢的女孩，就说这女孩嫁给他他都不要；有的人容貌平平，却特别相信红颜薄命，这其实也是为了冲淡自己得不到某样东西时内心的不安。

另外一种常见的合理化表现叫作甜柠檬心理。甜柠檬心理就是不说自己得不到的东西不好，而是百般强调，凡是自己的东西都是好的——得不到葡萄，只有柠檬，就认为柠檬是甜的，这样也可以减少内心的失望和痛苦。比如，有些人的孩子天资稍差、资历平平，他们便安慰自己说傻人有傻福；有些人被偷了钱，他们就说破财消灾。

主动出击：反败为胜的五个窍门

回想一下，有多少次你对自己说"这件事我无能为力"？

有多少次你顶着巨大压力不断尝试而无果，告诉自己"算了，我做不到"？对普通人来说，"越挫越勇""屡败屡战"很难，无论是中性的还是不成熟的心理防御机制，其实质都是通过否定、掩盖、转移等方式来掩饰内心的挫败感，拒绝直面问题，从而逃避解决问题。

亚伯拉罕·林肯说："为自己的局限因素辩解，那就真的受其局限。"生活中的快乐和悲伤就像硬币的两面，如果我们只盯着自己的问题和局限之处，任由消极心理防御机制占据我们的心，我们就会放弃行动，一步步丧失对生活的主动性。

我们来看一个故事。

埃里克·韦恩迈耶（Erik Weihenmayer）生来患有一种罕见的退化性眼病，他在13岁时彻底失明。由于他患有眼疾，别人告诉他，他永远也做不到其他人能做的事。然而，韦恩迈耶拒不接受这种有限制的人生。在与失明抗争多年后，他学会了欣然接受他的不幸，把这当作自己的一部分。

首先，他加入了高中摔跤队，并当上了联合队长，在所属重量级别中排名全州第二。接着，韦恩迈耶开始挑战攀岩——这项活动对那些视力极好的人来说都有很大难度。"我不会因为失明就放弃做有意思的事。"韦恩迈耶说。他接受了自己的不幸——失明，将之变成自己的优势，并利用自己的这种优势完成了前所未有的挑战。

1995年，韦恩迈耶登上了20 320英尺[①]高的北美最高峰迪纳利峰。1996年，他成为首个登上优胜美地国家公园酋长石这块3 000英尺高的花岗岩巨石的盲人。如今，在私立凤凰中学任教的韦恩迈耶说："失明只不过是件麻烦事。"关于登山，他说："我只是要找到另一种登山方式而已。"

我想，多数人在看到韦恩迈耶的故事后，惊叹之余，多少会想到自己那些未曾实现的梦想。如果一个盲人都能对自己的局限发出挑战，那么我们有什么理由放弃行动，望着自己的伤口长吁短叹？

科学家发现，与基因不同，心理韧性是可以培养的。与乐观者一样，心理韧性强的人能从逆境中迅速恢复，把挫折变成机遇。接下来，我将通过介绍成熟的心理防御机制来与读者分享我对培养心理韧性的一些建议。

第一，分离。通过严密的逻辑归纳，在认识上把那些矛盾的思想和感觉分离开来，以避免内心的冲突。

当你受到伤害或打击，内心产生痛苦情绪和挫败感时，请第一时间对自己喊"停"。你不用把这些情绪憋在心里，可以大声喊出来（前提是别影响周围的人），用这种方式终止挫败感的蔓延。然后，你要问自己几个问题：

◎ 为什么会有这样的结果？

[①] 1英尺约为0.31米。——编者注

◎ 谁应该对此负责？

◎ 哪些是我可以掌控并改变的？

◎ 哪些需要别人的配合，或者根本与我无关？

顺着这一思路，你的注意力会从自己遭受的损失转移到事件本身。通过冷静地回顾伤害产生的原因、背景，以及自己可以做什么，你就能发挥主观能动性，预防此类伤害未来再次出现。

第二，补偿。强调自己具备的某些有价值的特质，以弥补客观或主观存在的一些缺陷。

在韦恩迈耶的例子中，失明是他无法改变的事实，尽管这非常不幸，但抱怨老天不公平并不能让他恢复视力。如果他任由自己陷入悲伤情绪，自怨自艾，也许他还会失去更多的东西，比如坚强、自信。

中国有句老话：尺有所短，寸有所长。躯体有残疾的人通过努力能使自己在其他方面表现优异；身高不理想的人通过提升自己的才华、地位和增加自己的财富，可以弥补身高的不足。

"失明只不过是件麻烦事。"从积极的一面看，丧失视力之后，身体的其他感官会更加敏感，通过训练自己提高这些方面，韦恩迈耶找到了打开成功之门的钥匙。

第三，升华。将个体的欲望和冲动转化为能够被社会接纳和赞许的目标，比如，嫉妒别人学习好的人可以通过夜以继日地努力来超越竞争对手。

"升华"一词最早由弗洛伊德提出，他认为将一些本能反应，如饥饿、性欲和攻击的倾向，转移到自己和社会可以接受的范围里，就是一种升华。我们可以从历史上找出很多"升华"的例子。一生命途多舛的西汉文学家司马迁在得罪皇帝被判处宫刑之后在牢狱里撰写《史记》；德国文学家歌德在失恋的痛苦中创作了《少年维特的烦恼》。他们都是悲痛催生的坚强者，他们将自己的负面情绪升华，为后世开辟了一方壮观、美丽的文史天地。

第四，幽默。善用幽默的语言来缓和气氛、化解焦虑，如调侃、自嘲等。

日野原重明是一位著作颇丰的医生，也是日本提倡预防医学的第一人。他在105岁高龄时出版了人生最后一本书《活好》，他在书中这样回忆自己在中年时遭遇的一次劫难。

> 58岁那年，我经历了"淀号"劫机事件。当时，经过四天监禁，我知道自己要被解救了。
>
> 因为已经从漫长而紧张的状态中解脱出来，我开始感到安心。这种紧张状态是从劫机者宣布"这架飞机被劫持了"开始的，这是日本历史上第一起劫机事件。也许那时大家是第一次听说"劫持"这个词，一位乘客居然问劫机者："我想知道，劫持是什么意思？"

没想到，劫机者被问得哑口无言，回答不出来。我对劫机者说："作为劫机犯，连劫持都不知道是什么意思，这样好吗？"惹得乘客大笑起来，而劫机者也忍不住和我们一起笑了。

那个瞬间，空气中不知不觉开始出现一丝缓和气氛。到我们被解救、飞机降落时，很多乘客对劫机者说"今后请加油吧"。

这次经历使我强烈地感受到，无论什么时候都要有幽默感。一起大笑能消除人们之间的隔阂，把大家更紧密地联系在一起。真希望我们能一直笑声不断。[1]

作为被劫持的人质，日野原先生还能带着平常心跟劫机者开玩笑，缓和机舱里的紧张氛围，他的幽默豁达让人钦佩。对生活的达观态度，正是这位日本"国宝医师"的长寿秘诀之一。我们普通人也许做不到在极端环境下如此冒险，但我们至少可以学着成为一个有趣的人，用幽默让生活变得轻松。

第五，利他的公益行为。做对社会有意义的事情，从帮助别人的过程中获得快乐。

多项研究表明，乐于助人的青少年的心理更健康。他们更活跃、更积极，敢于迎接挑战，抑郁症患病率和自杀率也比其

---

[1] 日野原重明. 活好[M]. 甘茜，译. 北京：人民邮电出版社，2018.

他人低。加州大学伯克利分校的一项研究跟踪了 2 025 位老人达五年之久,同样得到惊人的发现:经常做志愿服务的老人的死亡率比其他人低 44%,而做两项以上志愿服务的老人的死亡率比其他人低 63%!

这组数字是什么意思呢?请看一组数据:一周运动 4 次能降低 30% 的死亡率,参加宗教活动能降低 20%,戒烟则能降低 49%。也就是说,帮助别人的健身效果仅仅略次于戒烟,而如果你频繁地帮助别人,恐怕就连"死神也望而却步"了。

第 三 章

职场幸福

如何过有效率的人生

选择：人生转角处的取舍

作为清华大学社会科学学院的院长，我每年都要代表学院迎接新生入学，欢送老生毕业，每次在欢喜之余也会有一些感慨。跟同学们交流之后，我发现如今的校园生活早已不像自己当年求学时那般"简单"。社会上机会多，诱惑不少，人心也比较浮躁。"我是不是选错专业了？""现在的学习对我将来找工作有何意义？""为什么我对很多事都提不起兴趣？"选择越多，大家就越容易感到迷茫、困惑。

作为过来人，我会告诉这些年轻人：没有哪个人的人生一帆风顺，很多烦恼之事是因为你想得太多、做得太少而产生的，不一定真的值得烦恼。哪怕你确实不小心做了不太理想的选择，人生的路还长，你大可调整方向，朝着新的目标奔跑。

得失心重跟社会大环境有关，也有价值多元化的因素。面对人生的重大选择，我认为最重要的两点是：明确选择标准，积极付诸行动。

用行动，看清你的选择

我在高中学的是理科，当时距离唐山大地震发生不久，我梦想成为一个研究地震的地球物理学家，所以高考志愿填报的是北京大学物理学系和地球物理学系。但是阴差阳错之下，我被分配到了心理学系，仅仅是因为我在"愿不愿意服从国家分配？"的空格处打了一个勾，结果国家就真的分配我去学习心理学了。

与所有理科生一样，刚开始我对心理学有很多的误解和不满，特别是大量课程介绍的是众多学者对同一现象的不同看法，莫衷一是，没有结论。因此，在北大的第一年，我的各科成绩都很差，我大部分时间都泡在图书馆里看杂书，想的是如何不学心理学。

在我有些郁闷、迷茫，甚至考虑转系的那年冬天，因为一个很偶然的机会，我在第三教学楼发现了一场人满为患的讲座，原来是著名红学家周汝昌先生的"寒夜谈红"，他在介绍他对《红楼梦》的考证研究。他讲了些什么我现在都不记得了，但他的一个说法令我感到兴奋，甚至有些震撼。

红学家花费了无数的精力、时间来争论曹雪芹的《红楼梦》原来到底写了多少回，高鹗是不是狗尾续貂地完成了后面的四十回，对于这些似乎永远不会有答案的问题，周先生给出了一个简单的可证伪的数学回答。他说，中国文化素以

"九"为极致,九九归一,所以,《红楼梦》每九回讲一个故事,同时以"十二"作为总揽人物和情节的组合数,共十二个轮回。因此曹雪芹原创《红楼梦》最终的回数,应该是 9 × 12 = 108 回。

我不是红学家,无从知晓周先生的发现是否正确,但他做学问的思路和方法让我耳目一新。这是科学理性的思路,你可以证伪啊!《红楼梦》是我们熟知的文学作品,它充满了浪漫、悲情的对人生的描述,但在这些美好的文字、诗词歌赋之中,居然还有数学规律,这一点让我感触良多。

周汝昌先生说:"世上万物皆是有规律可循的!"优秀的学者就是要在看似纷繁复杂、令人目不暇接的表象、幻象之中,找到事物的规律。心理学何尝不是如此,它的表象、幻象五彩缤纷,但其背后一定会有一些数学的规律、定量的逻辑,等着科学家去发现。换句话说,文理相通,对于再需要感性、悟性去理解的事物,其实也可以科学地、理性地来探索、分析和证伪。周汝昌先生的话改变了我对心理学的认识。

从那一刻起,我下定决心要端正态度好好学习,没多久我就从快要挂科的"学渣"冲刺到了班级前几名的位置,最后得以在北大留校任教。现在回想起来,当年如果我没有听到那次讲座,那我不知道什么时候才会从委屈、痛苦中解脱,而这样的"顾影自怜"除了浪费宝贵的时间,对我的学习、成长又有什么用处呢?

人生有很多选择充满巧合，即使像"选错"专业这样的事，跟漫长的人生相比，也不过是一件小事，因为我们有足够的时间去分析、证明是真的选错了，还是因为不够了解而"错怪"了它。面对无法推翻重来的选择，我们可以努力修正、"止损"，比如选修第二专业，或者在研究生阶段换个专业。比选择错误更糟糕的是稍微受到一点儿打击就一蹶不振，在抱怨、瞎混中蹉跎青春。

站在终点，审视你的选择

1983年，我在毕业后在北京大学留校工作，成为陈仲庚教授的助手，同时担任北京大学心理学系的班主任、辅导员和系主任秘书，后来成了系主任助理。有段时间，我有机会去中央机关工作，走上仕途，当时有很多人为我感到高兴，因为"学而优则仕"是很多读书人古往今来的一个重要梦想。

当我把去机关工作的机会告诉我的恩师陈仲庚教授时，他说了一段意味深长的话。他说："年轻人，你一定要认真思索自己最适合做什么样的事业，特别是不要让未来的你为你现在做的决定感到后悔。"然后，他帮我仔细分析了我的性格特点、学术背景和心理学学科在中国的地位和影响，我们一致认为，作为20世纪80年代第一批北大心理系留校任教的毕业生之一，我留在心理学界，可以为自己、北大和中国心理学界做出特别的贡献。

换句话说，中国政坛不缺北大毕业生。而我后来选择从事心理测验的研究，成为国内该领域最早的学者，我写作的《心理测验》是当时国内第一本心理测验学的教科书，这样的学术地位和贡献轻易清零的话，有可能会让未来的我感到后悔。正是在陈教授的谆谆教诲之下，我坚定了从事心理学研究的决心，也为这样的梦想和未来付出了毕生的努力。

我很感谢北京大学的老师，他们在我迷茫、困惑不解的时候，以他们的学识和人生智慧帮助我对自己、社会和人生做出了相对正确的判断和选择。现在如果说有什么是我想和年轻后辈分享的，我觉得在看不清方向时，不妨以终为始，想象自己临终前的样子。拿出纸笔，花几分钟想象自己已经走到人生终点，缠绵病榻。回首往事，请完成下面的句子：

◎ 这一生，我花费了太多时间去担心……
◎ 这一生，我花费了太少时间去做……
◎ 如果能回到过去，我将会……

认真思考这些问题，可以帮助你屏蔽噪声，克服做决定的艰难。通过审视当下的选择，看看哪些是迫于周围人的眼光等外界压力而做出的，哪些是自己内心真正在意、珍视的，从而做出更正确的决定，如此才能无悔，不愧于你的选择。

聆听心灵的呼唤，让时间发光

1997 年 5 月，我获得美国密歇根大学的社会心理学博士学位。我的导师、著名心理学家理查德·尼斯贝特教授特意找我谈心，讨论我的未来计划。

他说，你已经读完了所有可以让你获得学位的书，以后做何打算？我告诉他，我有两条人生的发展路径，一是申请美国大学的教授职位，但不一定能成功，而且薪酬很低；二是去一家跨国企业做一个高管，这不是我的兴趣所在，但能让我衣食无忧。尼斯贝特教授看了我很久，说了一句让我永志不忘的话：什么是你心灵的呼唤？（What is your calling?）

什么是我心灵的呼唤？老实说，我从来没有想过这样的问题。但从那一刻起，我在教授的引导下试着倾听心灵的呼唤，最终做出了去高校继续做心理学研究的决定。

很多人以为，聆听自己心灵的呼唤是一种宗教式的表达，是信教的人才有的一种心理体验，或者是一个用词优美的短语，一种比喻和象征。但是，积极心理学的研究发现，聆听心灵的呼唤其实是一种积极的生活方式。

在某种程度上，聆听心灵的呼唤就是发现人生的意义。具体应该怎么做？我觉得，有三个简单实用的方法。

首先，发现热情，找到让自己激动和兴奋的事。

不妨想一想，在这个世界上，在什么时候、在什么地方做什么事情，会让你产生生命力旺盛的感觉？有什么事情会让你感兴趣？有什么事情会让你感动？有什么事情是你热爱的？有什么事情会让你感到喜悦？有什么事情值得你留恋？有什事情给了你希望？有什么事情让你心生敬仰？在你休息或业余的时候，你最想做什么，最爱做什么，最愿意花时间做什么？这一切都可能是你心灵的呼唤。凡是让我们能够拥有人世间最美好的积极心理体验的事情，都会让我们意识到生活的意义。它可能就是我们心灵的呼唤。

其次，创造价值，做别人做不了的事。

1997年，我博士毕业，我在答辩完还没有拿到学位时就开始申请工作，因为美国人一般都是先找工作再毕业。没想到那一年我很受欢迎，我拿到了15所大学的教职offer（录用通知书），更没想到的是，我是美国社会心理学专业史上拿到最多教职offer的毕业生。与我同年，比我早开始求职的是塞雷娜·陈（Serena Chen），她拿到了5个教职offer，这在当时已经很厉害了。

在我拿到的15个offer所属的大学里面，有康奈尔大学、伊利诺伊大学、加州大学圣迭戈分校等名校，但我最想去的是加州大学伯克利分校和芝加哥大学。芝加哥大学商学院很慷慨，给刚毕业的我开出10万美元的年薪，这在当时是非常高的年薪了。伯克利一开始报的年薪是5万多美元，后来提高到7万多美元，因为伯克利发现我拿了那么多教职offer，芝加哥大学又开出10万美元年薪，学校的人就觉得必须竞争。我很感谢当时的伯克利心理学系主任谢利·扎迪克（Shelly Zedeck）教授，他直接找到校长，要求给我的待遇"不封顶"，也就是给我突破职称限制的待遇。

最后我决定去伯克利有两个原因，一个原因是芝加哥太冷，我在密歇根待了7年，想换个气候更好的地方。更重要的原因是芝加哥大学当时已经有一位很优秀的华人心理学家奚恺元老师了。奚老师在那边做得非常好，我如果去了芝加哥大学商学院会很荣幸和他一起共事。

为了让我去伯克利心理学系，当时的伯克利分校校长田长霖教授亲自出面来见我。跟我吃饭的时候，田教授语重心长地说："你应该做一个有历史意义的人，做有历史意义的事，做别人做不了的事。能做伯克利教授的人，生活一定不会太差，你将来不会缺钱，也不会缺地位，但是能不能在历史上留下有意义的一笔，这次其实是难得的机遇，你有机会成为世界名校加州大学伯克利分校成立130年以来的第一位华人心理学家。"他这样一讲，我莫名其妙地被感动了，他是加州大学伯克利分校历史上第一任华人校长。他不一定是最好的校长，但他是第一个担任这所大学的校长的中国人，这就是历史意义。

历史上有很多优秀的华人学者在加州大学伯克利分校理工科院系任教，但一直没有中国人在心理学系任教，我不一定是最好的华人心理学家，但我以后就是伯克利历史上第一个华人心理学家，我觉得这个意义很重要，所以我选择了去伯克利，也为后来华人学者任教于伯克利心理学系开了先河。

最后，找到归属，回馈社会以幸福。

2008年，我接受了一个新任务——帮助清华大学复建心理学系。我觉得清华大学心理学系要么不做，要做就做最好的。于是我选了两个方向：一是利用清华大学的工科优势做科技心理学，二是做积极心理学，这是一个全新的领域。

当时《人民日报》做的一项调查让我印象深刻。调查人员询问了很多中国人：你是不是弱势群体的一员？居然有90%的人说自己属于弱势群体！这是非常不理性的。城管认为自己是弱势群体，小商小贩也认为自己是弱势群体；干部认为自己是弱势群体，群众也认为自己是弱势群体……那谁属于强势群体？他们肯定有认识上的问题，心态不太积极。

所以我在回国以后决定从社会需求、学科发展的角度推动一个新的学科——积极心理学的发展。这里面还有一个个人原因，积极心理学的发起人克里斯托弗·彼得森教授是我在密歇根大学读书时的老师之一，他说我应该做这件事情，于是我就开始推动这件事的落实。

我没有想到反响来得那么快。在2008年我回国之前，国内有关积极心理学的信息很少，我在上网搜索后发现，当时有关积极心理学的文章寥寥无几。现在网上的相关内容很多，动辄上百万的点击浏览量。这说明这是一门在中国有现实需求的学科，我是在一个正确的地方、一个正确的时候做了一件正确的事情。

很长时间以来，中国在科学领域是在追赶西方的，我们的物理学和生物学的发展比西方晚了很长一段时间。但是在积极心理学领域，这门学科于1997年第一次被提出来，世界积极心理学学会从成立到现在只有不到10年，中国积极心理学大会的举行只比世界积极心理学大会晚3年。如今，清华大学心理学系幸福科技实验室是世界上第一个关于幸福科技的研究室。加州大学评出了世界积极心理学六大中心，清华大学是其中之一。做科学的拓荒者，是我特别喜欢做的事。在这么一个新兴的世界科学发展前沿领域，我们中国人站住了脚，而且参与推动了这门学科的发展，我觉得难得，这是科学史上少有的机会。

当我们做一件事情时，如果我们能感受到社会的支持、关怀和奖励，以及周围人的羡慕、钦佩和欣赏，我们就会由衷地产生骄傲、自豪和神圣的感受。而为人民、国家、社会做出贡献，为他人伸出援手，还能涤荡我们的心灵，使我们情绪激昂，行动活跃，变得越来越自信、满足。我想，这就是个人价值与社会价值合二为一的那种幸福感。

寻找工作的乐趣

在现代社会，成年人花费在工作上的时间超过人类在其他任何活动上花费的时间。但根据盖洛普在世界 38 个工业化国家（包括中国）的统计调查结果，居然有高达 70% 的人不是特别喜欢自己的工作。有一期《新闻周刊》(*Newsweek*)的封面上甚至直接写着"工作就是地狱"，指出如今的职场人士必须面对各种要求和不确定性的持续打击。

一方面，对很多人来说，稳定的薪水、长期雇用、社会保障和养老金带来的安全感已经弱化，职场弥漫着焦虑、紧张。另一方面，人们常主动或被动地矮化、窄化工作的价值和意义。比如，在亲友聚会上或者与他人交流时，一些人对自己既有地位又很悠闲的工作感到非常得意，并且常常可怜那些辛苦工作的人。一些职场小说也有意无意地表露对"钱多事少职位高"的工作的羡慕，并且暗示读者这才是成功的标志。

工作并不总是称心如意的，但它绝不是"快乐"的反义词。在我看来，劳动让人快乐，安全感源自我们自身，而非职场环境。正如心灵导师和作家迈克尔·卡罗尔（Michael Carroll）所言："也许在工作中滋生的问题并不是干扰或侵犯，而是一种让你得到真正智慧的邀请。"

"也许有人花钱请你去做你自己"

莎朗·莎兹伯格（Sharon Salzberg）是美国著名的静心导师，她曾就企业裁员潮下员工的焦虑问题，分享了一个学员的故事。

安杰拉在一家公司任职。20世纪90年代末,在很多上市公司资产泡沫化的影响下,她面对公司不断高涨的呆账,以及许多员工被辞退的消息,压力奇大无比。好不容易挨过一个冬天后,安杰拉感觉能量耗尽,"只想去外面透透气"。不过她并没有主动辞职,而是要求公司把她解雇(以得到补偿金等),然后在要去露营的波士顿港群岛上找到一份公园夏季管理员的工作。对安杰拉而言,住在没电没水的邦普金岛①上,每天傍晚看着夕阳余晖,非常有利于身心健康。

当夏天结束后,安杰拉不知道自己接下来要做什么,于是打电话给以前的上司,告诉他这段时间她的经历。没想到他要她回来做兼职工作,一周只需上两三天班。尽管回公司这个选项并不怎么吸引人,安杰拉还是决定抱着开放的态度试试看。

事实上,在她缺席的日子里,公司已经有了不少正面的改观,变得更有创新氛围,压力也变小了。回去后的安杰拉发现自己乐在其中,不久就重新开始担任全职工作。之后每当公司有新的发展,安杰拉的工作也会有相应的挑战,而她顺势而为、不断接受挑战的态度也受到上司的赏识,于是她一干就是15年,其间她至少拥有10个头衔。

---

① 邦普金岛是波士顿港群岛的一个小岛。——编者注

回顾这段经历，安杰拉的经验是："不管人家叫我做什么，我都说好，再考虑要怎么去做。"她回忆起自己刚从大学毕业，对前途感到茫然，不知如何维生时，她的父亲给了她一个绝佳的忠告。"他告诉我：'也许有人花钱请你做你自己。'"受到启发的安杰拉认为，"做自己"意味着在职场上展现她千变万化的能力，因此她愿意尝试任何一件让她不用在工作中原地踏步的事情。这种积极、耐心和弹性，正是让她在公司存活这么多年，并且步步高升的秘籍。

也许很多人跟安杰拉一样，在职场上因为种种原因"负气出走"。但不知道有多少人能像她一样，抱持开阔的心胸看待曾经的工作，愿意与变化了的环境一起改变，并专注于工作中积极、正面的因素呢？其实，外人看来再光鲜的工作，都有不为人知的苦涩，让自己保持弹性，多从积极的角度看问题，让工作成就你，而非主宰你，这才是我们应该在职场上追求的东西。

这个故事最打动我的一句话是，"也许有人花钱请你做你自己"。很多人对"做自己"有个误解，认为这意味着一切从自己的兴趣、诉求、利益出发，想干什么就干什么，"大不了我不干了"。"做自己"不等于任性，它是在规则、纪律约束下的自由，我们需要调整自己以适应环境的变化，拓展自己的职责范围，丰富自己以展现多样化的职业能力。从这个角度来看，工作的确提供了让我们施展才华、发掘潜力的绝好契机。

当然，不是每个人都有安杰拉那样的好运。也许你目前从事的工作、所在的公司的确不适合你，甚至有很多弊病，但你至少可以试着像安杰拉那样，"不管他们要我做什么样的差事，我都愿意放手一搏！"然后看看是否会有转变发生。请记住，克服困难、接受挑战提升的是你自己的格局和能力，先努力沉淀自己，施展自己的能力，之后不管是继续还是放弃，你都在"做自己"的阶梯上又攀升了一级。

希望的功效不止一碗"鸡汤"

如今，我们正面临着希望危机。在一个岗位上工作了很多年，眼瞅着更年轻的后辈都超过自己变成上级，而自己依然升职无望；在"旱涝保收"的机关工作了半辈子，想要改变一眼望到头的生活，又觉得早就没了奋斗的精气神……淡淡的绝望感正抽走企业、组织及个人的活力，我们按部就班地生活，却感到越来越迷茫、忧伤。

在这个"丧"时代，积极心理学家开出的药方是——希望感。

很长时间以来，我们只是把希望当作一种"心灵鸡汤"，一种鼓励的方式，甚至还有人把它当作一种空谈、虚幻之物和精神鸦片。它似乎既不能解决生活中的实际问题，也不能为我们指明行动的方向，只能作为诗人常用的一个主题或祝福，或者宣传工作者喜欢搬弄的概念。大多数人可能不知道，希望感其实是积极心理学的一个核心概念。

1991年，著名心理学家查尔斯·斯奈德（Charles Snyder）提出了希望感理论，他认为希望感包括"意志"和"策略"这两个成分。希望感并非励志鸡汤或者让人觉得愉快的一种感觉，而是一种动态的认知动机系统。

为什么要在工作中培养希望感呢？这绝对不是空喊口号，心理学研究发现，希望感强的人不只意志坚定、目标明确，他们产生不同想法的发散性思维也强一些，他们对工作更加负责任，而且对每个想法都有更细致的分析。

希望感强的人通常表现得更积极乐观，但希望感与乐观还是有些不同的。乐观代表一种相信一切会很好的一般希望，虽然对未来结果有积极心态，但不涉及个人对结果的控制作用，以及强烈的主动性。而希望感意味着不光要有意志去实现目标，更要有一些实现目标的策略和方法。

那么，如何在工作中培养希望感呢？接下来我想结合斯奈德的建议，谈谈我个人的想法。

第一步，培养目标导向的思维。

给自己树立明确的目标，比如"本周我要处理好这些事"，"这个月我要签下5笔大单"，"今年我要升职"。有了具体目标，我们就更有可能形成一种长期、稳定的行动策略来实现目标，并且可以随时观察自己的进步，从而不偏离行动方向。

斯奈德认为，最好的目标是那些可以实现又不那么容易实现的目标。为此，他提出了设定目标的"SMART原则"，即我们设定的目标应该是具体的（specific）、可以测量的（measurable）、可以实现的（attainable）、有关的（relevant）、有时效性的（timebound）。

第二步，找到成功的方法。

设定目标后，我们还要对自己发起挑战：除了常规方案，还有没有实现目标的其他路径和方法？这种开放性思维有两个优势：一是提高效率，通过比较，选择最高效、最容易命中目标的方法去执行；二是保持弹性，在遇到突发事件时，拥有替代性方案就不会自乱阵脚。

第三步，落实行为的改变。

"心动不如行动。"对我们的希望感影响最大的因素通常是时间不够用，这既要求我们尽快采取行动，也对我们的时间管理能力提出了更高要求。

你可以通过如下方式来平衡时间压力。

午休时充分放松。午餐及其之后的半个小时到一个小时是你难得的私人时间，不要用叫外卖或啃汉堡，一边吃一边工作的方式把它填满，而最好是果断地离开办公桌，让心智得到放松，为下午充电。

不要"一心多用"。在开放的办公空间，难免出现影响我们专注于手头工作的各种背景声，提高效率的想法也会让很多人主动选择"多线作业"。然而，分心会损耗我们的心智能量，让我们更容易出错且更疲劳。

明确自己的工作职责。要给你认为重要的目标留出更多时间，在完成计划内的工作之前，别让其他人的请求、临时加塞儿的任务打乱你的工作节奏。别认为你必须对职责之外的工作负责，当然，这并不是说不要对一个需要帮忙的同事伸出援手。

自信的人更快乐

如今，很多"宫斗剧"深受白领欢迎，甚至有人把它们当作"职场教科书"学习，这反映了不少人喜欢从消极、负面的角度看问题，认为职场就是"零和博弈"，要跟领导、同事、客户明争暗斗才能走得远、立得稳。

我不是特别懂"危机意识"，也不知道它有什么正面作用，所以我不是很喜欢这个概念。被非理性设定的危机意识引导的人觉得总有人要害他、整他、颠覆他，总想到自己的不足、不满、不如意，还怎么让自己变得积极、自信呢？

危机意识作为一种防备心态和防御心态，可能有保护自己的作用，但做成事业的人一定是把自己的优势发挥到了极致，在承认弱点的同时，发扬自己的优点。只有充分发挥优势，才能事半功倍；总是关注缺点和问题，却想不到自己的优势，这样就会事倍功半，而且会出现恶性循环。

著名心理学家亚伯拉罕·马斯洛（Abraham Maslow）在《动

机与人格》中写道:"最稳定和最健康的自尊建立在当之无愧的来自他人的尊敬之上,而不是建立在外在的名声、声望及无根据的奉承之上。"遗憾的是,很多人并不明白这个道理,他们过多地追求"闻"而非"达",甚至不惜用欺骗或统计上的技巧来烘托对尊严的幻想,这是不自信的表现。

心理学家认为,自信主要体现在三个方面。

第一,认知。自信的人在认识、判断、分析事物时有一种比较强烈的积极乐观的情绪甚至偏高的估计,平常人认为不可能做到的事情,他们觉得可以做到,别人做起来觉得有难度的事情,他们觉得不难。这种夸大好事发生在自己身上的概率的想法,被我们称为"玫瑰色幻觉"——认为看到的任何事物都带有一种玫瑰色彩,这是认知方面的自信。

第二,情感。自信的人永远有一种向上、快乐、积极的心态。

第三,行为。自信的人一般愿意做出行动,愿意跟人来往,比较外向,喜欢尝试、冒险。

以前,我们总觉得自信是一个问题,是认知偏差;现在,更多的心理学研究发现,自信非常重要,它是一种比较稳定的个性特质。心理学家谢利·泰勒(Shelley Taylor)经研究发现,自信的癌症病人比那些不自信的癌症病人多活很长时间;自信的年轻人在20年之内赚的钱比不自信的同辈多一倍。当然,过度自信也不行,这会让我们在判断上犯一些错误,容易冒险并夸大自己的魅力，无法认清现实，显得不够踏实。

著名心理学家威廉·詹姆斯（William James）曾经说："我们这个时代最伟大的发现，就是人们可以改变对自身的认识，继而改变自己的生活。"那么，如何培养自信呢？

首先，发挥优势。

如果一个人一辈子都很顺利，做什么事情都能成功，这就说明他有这种天赋或能力，他一定很自信。所以自信在很大程度上是由一个人的经历积累而成的，是后天形成的一种特质。

因此，在选择工作时，最好选择做自己最擅长也最喜欢的事，而不是"能赚很多钱"或者"在别人眼里很风光"的事。经济收益、社会地位等当然也很重要，但如果这份工作不能让你由衷感到快乐，获得成就感和价值，长此以往，它就会透支你的热情和活力。

即便无法从事自己最擅长、最喜欢的事，也要把困难和挑战控制在力所能及的范围内。因为人的自信是有领域特殊性的，中国人常说"宁做鸡头，不做凤尾"，一个"学渣"再自信，到了"学霸"云集的班级，恐怕也自信不起来。

其次，破除习得性无助。

某个项目搞砸了，某次行动掉链子，被老板批评，诸如此类都会打击你的自信。失败的案例多了，人就容易陷入习得性无助的境地。要打破僵局，可以尝试做一些小但效果立竿见影的事情，从小目标的不断实现中恢复并强化自信，提升能力，不断地修炼，积累成功的经验。

再次，选择宽容、理解、支持的环境。

自信需要他人的肯定，如果一个人待在一个总是给他造成打击的环境里，那他就很难建立自信。

当你勤勤恳恳、脚踏实地地工作了很长一段时间时，如果你所在的团队或公司依然不支持、不欣赏你，那你就换个地方。在包容、友好的团队里，在互相激励而非彼此戒备（或诋毁）的环境中，我们才能聚焦于工作本身，发挥自己的潜能。

最后，换一个领域，换一个方向。

以前，一份工作干到老、一种职业做到底的情况很普遍，但如今，科技飞速发展，职业也在快速更迭，每隔几年就有新的工作被创造，也有一些职业逐渐被淘汰。

很多人出现"中年危机"其实是因为心态出了问题。在变化的职场里故步自封，用"都到这个年纪了哪儿来得及"，"从头开始实在输不起"这样的想法给自己设限，然后觉得自己干什么都不行，躲在过去的成绩背后自怨自艾，这就很可惜。

生活中不乏全职主妇创业并获巨额投资，下岗工人再就业后当高管的励志故事。人生没有太晚的开始，以"活到老，学到老"的精神挑战自己，尝试新的领域。看到更多风景的你，一定能重拾快乐与自信。

福流：一种奇妙的体验

2007 年夏，我去西藏参加一场学术活动。在忙碌的讲学结束之后，我抽空去了趟布达拉宫，瞻仰藏族同胞心目中的圣地。

时值黄昏，我随着游人慢慢地向出口走去，在回味之间蓦然回首，突然被一幅美丽的景象震撼——在拉萨的蓝天之下，在落日余晖之中，在布达拉宫白墙金顶的映照下，一个身着棕色僧袍的老僧正不慌不忙、慢条斯理地扫着地。地上是无数游客和信徒撒落的祈福钱钞，满地的"金钱"犹如尘土和垃圾一样，被这位老僧扫入簸箕之中。

我的心中突然一阵发紧，一种瞬间产生的、压倒一切的敬畏情绪油然而生，同时我感到一股暖流从头到脚流遍全身。顷刻之间，我觉得我仿佛找到了人生真实的意义，它不是金钱、权势、地位，而是一种心灵的敬畏、宁静和快乐。这样奇妙的体验令我沉迷其中，欣喜若狂，如痴如醉，欢乐至极！

很多年之后，我才知道这种奇妙的心理体验就是一种幸福的终极状态——福流。

从"心流"到"福流"

1975 年，美国著名心理学家米哈里·希斯赞特米哈伊（Mihaly Csikszentmihalyi）发表了他历经 15 年取得的研究成果。

从 1960 年开始，米哈里追踪观察了一些特别成功的人，包括科学家、企业家、政治家、艺术家、运动员、钢琴师、国际象棋大师等。结果发现，这些人经常谈到一种共同的体验：在从事自己喜欢的工作时，全神贯注的忘我状态时常让他们忘记了当前时间的流逝和周遭环境的变化。

原来这些成功人士做事情完全出于兴趣，乐趣来自活动本身，而不是任何外在的诱因（如报酬、奖励、被他人欣赏等）。这种由全神贯注而产生的极乐的心理体验，被米哈里称为"flow"（心流），他认为这是一种最佳体验。

这种体验当然不是由米哈里首先发现的。在人类文明发展的历史长河中，已经有很多思想家、哲学家、宗教人士谈到过这种奇妙的、极致的幸福体验。尤其是东方的传统文化，如儒教、道教、佛教文化，包括禅宗，经常提及这种由心理活动产生的神奇的快乐体验。心理学领域有很多学者把这种体验翻译成"爽""心流""极致""涅槃"等，我个人认为，称之为"福流"可能更贴切，因为它是一种幸福的终极状态，音近，意近，神更近。

很多人知道我和米哈里比较熟悉，但他们不知道的是，我与米哈里的儿子迈克尔也很熟悉。迈克尔是加州大学伯克利分校中国研究中心的研究员。大约十年前，在面试迈克尔的时候，我问过他一个有点儿八卦的问题，就是他父亲的灵感是不是跟他研究的哲学有很大的关系。迈克尔说，应该是有关系的。因为迈克尔研究的是中国哲学家庄子。

《庄子》一书中的第一篇文章《逍遥游》，在很大程度上就是在描述这种自娱、洒脱、旷达、愉悦的感觉，那是一种真正的物我两忘、身心酣畅的绝妙体验。庄子在《南华经》中特别描述了一个普通人的这种流畅的福流体验——宰牛的屠夫庖丁在从事自己熟悉和喜爱的工作时，达到了一种物我两忘、酣畅淋漓的状态。原文是这样写的：

> 庖丁为文惠君解牛，手之所触，肩之所倚，足之所履，膝之所踦，砉然向然，奏刀騞然，莫不中音。合于桑林之舞，乃中经首之会。

文惠王在震撼之余，情不自禁地问庖丁，你解牛的技术为什么能做到如此出神入化、行云流水？庖丁回答，三年前解牛，我眼中只见牛；三年后解牛，我眼中无牛。因为此时此刻，他已经进入一种极致的体验状态，也就是我们所说的福流状态。

米哈里所提倡的"心流"与我想表达的"福流"虽然有很多相通之处，但也存在些微差异。可以这样认为，"flow"体现的是一种人对一件事情全情投入的幸福状态，我将之翻译成"福流"，是希望在此基础上补充一种"当下"与"持续"的含义。

心流是动态的，但其表述方式是静态的。而福流本身就是一种流动的境界，这样一种流动着的幸福能长久地存在。

保持专念：专注地感受当下

很多人都有在工作中心不在焉或者"溜号"的体验，办公区纷乱的噪声、猝然响起的电话铃声都会让我们分心，思绪在手头的工作中游移不定。当思维时断时续时，我们很难集中注意力，而专注是获得福流体验的一个很重要的前提。

20世纪70年代，埃伦·兰格（Ellen J. Langer）教授做了一个有名的mindlessness（"潜念"，心不在焉）实验。当图书馆里等待使用复印机的人排起长队时，她派学生去问排在最前面的人："不好意思，我只有5页要复印，你可以让我先复印吗？"只有60%的人会同意。

接着，她让学生换了一个理由："不好意思，我只有5页要复印，你可以让我先复印吗？因为我赶时间。"结果有94%的人会同意。这是可以理解的，因为赶时间是个很好的理由。

令人吃惊的是，在接下来的实验中，学生的询问变成："不好意思，我要复印5页，可以让我站在你前面吗？因为我想复印。"同意的人的比例居然高达93%！然而，这个理由不是个好理由，因为每个在排队的人都想复印！

为什么会这样？兰格认为，人在很多时候其实处在无意识的"潜念"状态中，并没有意识到自己的心理活动，而是自动化地按照固定模式对外界做出反应。仅仅因为对方说出"因为"这个词，我们就会潜意识地认为对方是有理由的，哪怕这个理由根本不成立。她随后对潜念做了大量研究，并提出了应对策略。

兰格建议，我们需要时不时地停下脚步，思考一下自己正在做什么，在某个情境下会如何反应，为什么会有这样的反应，还有没有别的选择。这就是所谓的"专念"（mindfulness）。

什么是专念？专念源自佛教，是禅宗的一种修行方法。专念一词最早在古印度巴利语和梵语中是觉察力的意思，也有人将其翻译成"正念"。"念"，顾名思义，为"今心"——当下之心，也就是关注当下，身心合一。兰格认为，专念是一个关注新鲜事物的简单过程。我们在集中注意力，全神贯注于手头事物的时候，就能活在当下，即便对那些熟悉的事物也能有新的发现。

比如，一份工作做久了，我们会因为熟悉而感到乏味，认为每天重复做同样的事情毫无乐趣可言。一旦在进行相关操作时进入"潜念"模式，我们就会显得心不在焉，反而容易出错。在兰格看来，没有人可以洞悉某个事物的全部，因为所有事物都是在不断变化的，由此而来的不确定性要求我们更专注。当我们变得更加专念时，我们就能不断发现工作中新的闪光点，从而使大脑保持开放、活跃，我们会更乐于尝试新的方法，接受新的挑战，并且不再顾忌别人的闲言碎语，不再害怕犯错。

很多人错误地以为，保持专念既耗神又费劲——脑子一直在转，但真正耗神的是我们随意做出负面判断和因无法解决困难而产生焦虑。通过主动关注新事物，我们能增强感知力，对周围环境更加敏感，这是高度投入的主要表现。当你这样做时，你就是活在当下的。专念能够创造能量，而不是耗损能量。

专念不同于我们常说的"两耳不闻窗外事，一心只读圣贤书"，它拒绝用僵化的类别，如工作、游戏、生活和艺术，来隔离各种活动，比如试图在工作和游戏中寻找平衡。专念强调的是"融合"，即不断寻找专注的平衡点，做到既认真又不过于认真。整合各个活动，让它们互相交织，就能提升专念水平，让生活更充实。

在过去的近40年间，埃伦·兰格所进行的"专念"研究影响了行为经济学、积极心理学等诸多领域。她是哈佛大学历史上第一位获得终身教职的女性心理学家，《纽约时报》曾将她的经历载入"年度思想"特刊。作为一位偶像级的心理学大师，她的个人经历和研究已被好莱坞改编成电影《逆时针》，由著名影星詹妮弗·安妮斯顿出演。

通过保持专念，关注周遭事物而不是心不在焉地生活，我们能减轻压力，释放创造力并提升自己的表现。

在一项针对交响乐队的研究中，兰格发现演奏者因为总在重复演奏同样的曲目而显得无精打采，但因为这份工作的社会地位很高，放弃并不容易。

后来，她将这些演奏者分组。一组人需要完全模仿他们以前喜欢的一首曲目，换言之，这样的演奏不需要专念；其他人则需要在演奏中加上少许个人元素，这意味着他们必须保持专念。要知道，交响乐不是爵士乐，加入少量的改变不容易被发现。当实验人员将交响乐录好并播放给不知情的听众时，绝大多数人更喜欢听用专念演奏的乐曲。

几乎从任何维度看，专念都能带来更积极的结果，说专念是万能武器并无不妥。无论我们正在做什么——吃三明治、做采访、拆拼某种装置、写报告——我们都只有两种状态：专念或心不在焉。如果你保持专念，结果就会完全不同。任何领域的卓越者——《财富》500强CEO（首席执行官）、技艺精湛的艺术家、顶级运动员、最好的教师和技工都是深谙专念之道的人，因为它是抵达卓越的唯一途径。

如今，从佛教的正念发展出来的专念课程在美国心理治疗界开始被广泛使用，并已形成将近40亿美元的大产业。

美国心理学家乔·卡巴金（Jon Kabat-Zinn）在学习了朝鲜禅修和缅甸内观禅修之后，开始在麻省大学医学院的压力治疗中心运用专念练习治疗病人，同时进行了几项里程碑式的疗效研究，成为将专念带入临床应用的第一人。

卡巴金的专念修行有两种常见的方法：观修和止修。其目的在于训练我们接受当下的状态，让自己清晰地意识到正在发生的事情。

观修是一种开放式监控冥想，即不做反应的元认知监控，强调"了了分明"。比如，在葡萄干练习中，我们需要取一颗葡萄干放在手中，仔细观察一分钟。用眼睛观察葡萄干的形状、褶皱，用手指触摸葡萄干的表面，感觉它的形状，然后用鼻子去闻葡萄干的气味。最后，把葡萄干放入口中，仔细咀嚼品味。

止修是一种专注冥想，即将注意力集中在特定目标上，及时察觉心绪的游离与分心物，并将注意力拉回来。比如，在数呼吸练习中，我们需要闭目，自然坐正，脊柱挺直，然后放松，什么都不想，数自己的呼吸，一呼一吸计数一次。如果思维分散、被干扰，忘记数到几了，就从1开始继续数。如此持续1分钟。

在我看来，生活由无数的瞬间组成，如果我们能意识到每个瞬间的意义，并使每个瞬间都有意义，那么生活也就有了意义。工作也是如此，在做事时保持专念，留意新事物，积极寻找差异，让手头的事变得有意义，这样更容易做出成绩，并体验到幸福。

善用闲暇：休闲的正确方法

很多人抱怨工作辛苦，白天一直在期待下班回家的那刻，然而好不容易等来的闲暇，一不小心就在看电视、刷手机、玩游戏中被打发了，他们甚至为此熬夜，搞得第二天上班更疲惫了。不正确的休闲方式不但无法帮我们积蓄精力，反而是一种透支，长此以往会损害健康，让我们在工作中变得更消极被动。

前文说到，福流是一种流动着的幸福感受，如果说保持专念能让我们更好地活在当下，在工作中感受到意义和幸福，那么善用闲暇则能让这种愉悦的感受流动起来，使之持久地存在。对此我有几点建议。

首先，培养至少一个兴趣爱好。

人们在做自己爱做的事情时，更容易沉浸其中，往往能够体验到福流。比如，喜欢摄影的人为了拍摄出满意的作品，即使要跋山涉水、风餐露宿、行迹不定，仍然孜孜不倦；喜欢音乐的人在欣赏音乐的节奏和韵律的时候，也享受着音乐所传递的感情。

前文提到的兰格教授在心理学研究之外的一个爱好是画油画，且一画就是十来年。如她所说，"它带给我的快乐与兴奋依然有增无减"。"我在画画的时候能够集中精力于眼下的创作，但又不会被对结果的忧虑吞噬。我在创作过程中一直保持专念，一般来说，结果也差不到哪里去。……人们不再觉得我画画是不务正业，他们接受了画画和学术可以共存的理念。其实，两者不仅能够共存，还能相互促进。"

从工作中抽身，投入自己的兴趣爱好，既能让我们更快体验到福流，也有利于大脑"切换频道"，忘掉工作中的烦扰。

而当我们在生活中经常体验到福流,并把这种专注、美好的状态迁移到工作中时,我们的工作也会变得更简单、更轻松。

其次,给心灵打造一处静谧之地。

英国女作家伍尔芙(Adeline Virginia Woolf)有句名言:如果你是一个女人,你一定要有一间属于自己的房间。其实不仅是女人,我们每个人都应该为自己创造一个独立的空间——也许是一间安静、舒适的房间,也许是一段不受打扰的时间,我们可以借此跟自己独处,让心灵恢复喜乐安宁。

此外,和谐的人际关系、彼此相爱的夫妻生活,或者和朋友的谈心、亲友聚会、家人聚餐,都是我们休憩的港湾,能让我们感到放松、温暖。同样,一部好电影、一本好书、一篇优美的诗歌、一段好听的音乐,都有助于我们产生福流体验。

再次,亲近自然。

现代化的城市生活方式逐渐减少了人类接触自然的机会,有学者甚至认为,人类与自然缺乏联结是一种危机,这会使人们患上"自然缺失症"。

科学家经研究发现,人类有两种注意模式:有意注意和无意注意。有意注意一般指向特定的注意对象,需要努力和花费大量精力才能保持,个体在从事一些无趣或不愿意做的任务,或长时间从事感兴趣的任务时,都会动用这种注意模式。

有意注意有助于我们提高工作效能,但会造成神经中枢抑制机能的过度使用,从而使人产生疲劳感,难以集中注意力,情绪易激动,容易犯错。

与有意注意相反的是无意注意,它是指自动发生的、无须努力的,也不需要投入大量精力的注意。当我们处于无意注意模式时,有意注意就可以得到休息和恢复。而我们在自然环境中使用的注意模式,如观看云彩、树木、水中的鱼儿等,都以无意注意为主。通过观看自然景观(比如观看森林或绿色景观的图像)或投身于自然(比如在树林里徒步),我们就能为有意注意再次积蓄能量。

这与我们的日常体验是一致的。我们在长期从事某项工作后会感到疲劳,这时到室外自然环境中看一看或走一走,即使什么都不做,事后我们都会有一种重新焕发生机的感觉。"我见青山多妩媚,料青山见我应如是"。走出书房,走出家门,走向大自然,幸福也许就在眼前。

最后,积极参与体育锻炼。

运动能够明显提高人的幸福感和内在活力,让人体验到一种发自内心的激情和生机。为什么有人会打球到天黑也不想回家?为什么有这么多人愿意参与马拉松长跑?这都是因为运动让他们产生了福流体验,让他们沉浸其中并上瘾。

1917年,毛泽东主席以"二十八画生"的笔名在《新青年》上发表了《体育之研究》,提出"欲文明其精神,先自野蛮其体魄",这说明运动是培养意志力和文明精神的方法。清华大学"无体育不清华"的口号也说明了这一点。

有一个众所周知的事实：很多美国名校喜欢招收有体育特长的学生。很多国家的政界领袖、学界翘楚、商界精英，往往也有在大学当运动员的经历。这和我们长期以来莫名其妙地相信的所谓的"四肢发达，头脑简单"是完全不同的情况。

也许我们在体育活动方面花费过多的时间，确实会减少用来学习、复习或工作的时间，但这二者之间的关系不是一种因果关系。换句话说，不是进行体育活动使我们变傻、变笨，成绩不好或工作出问题，而是我们无法平衡体育活动与学习工作的关系，导致顾此失彼。

我们原先之所以有"四肢发达，头脑简单"的观念，可能是因为那些年轻的运动员缺少足够的时间去学习知识，掌握智慧，成长成才。一个人空有良好的硬件，却没有知识储备和思维方式的训练，就不可能成为有智慧的人才。但具有卓越的运动天赋的年轻人有潜力成为"人中龙凤"，特别值得珍惜。国家如果给他们提供知识、教育和人文关怀，就不仅仅是在培养优秀运动员了，也可能是在培养未来各行各业的领军人物。

可能有很多人会说，我也想参加体育锻炼，但我每天工作很忙，下班后又要照顾家人，实在没有时间。我的建议是，把运动跟日常生活结合起来，比如你可以这样做。

◎ 减少开车上下班的次数，尽量骑车或步行。如果通勤距离特别远，可以先骑车或步行一段距离，再搭乘其他交通工具。
◎ 平时若不是特别赶时间，尽量爬楼梯，而不是坐电梯。
◎ 在办公室准备一双舒适的鞋子及一根跳绳，午休时到室外散散步，下午犯困的时候找一处空地跳跳绳。

很多人知道，北欧地区的幸福指数排名比较靠前。但这并不是因为北欧人喜欢去体育馆锻炼身体，而是因为他们把锻炼和日常生活结合起来了。比如丹麦人喜欢骑自行车去上班，不是因为它省钱，也不是因为它时尚，主要是因为它真的非常方便，自己还顺便锻炼了身体。

你可能是虚假疲惫

我爱喝茶。每当我感觉工作压力较大，心绪烦乱时，我就会给自己沏一壶茶。除了偏爱茶的滋味，我也十分享受沏茶的过程。

慢慢将水注入茶壶，当水位上升的时候，聆听水声的变化——从水沸腾的气泡声到水流与壶底发出的撞击声，从炽烈到轻盈。将少许茶叶放进滤茶器，慢慢把它放入茶壶，看茶叶在水的滋润下慢慢舒展，而水的色泽也随之发生变化，渐渐升腾起芬芳的蒸汽。

把泡好的茶缓缓注入茶杯，用双手握住杯子，感受杯壁的温度，观察杯子的颜色和形状，以及茶的颜色给杯子带来的颜色变化。之后举起茶杯，感受手和前臂的伸展。轻轻摇晃茶杯，聆听茶水在杯中发出的声响。

吸进芬芳的蒸汽，体验茶杯与嘴唇相触的感受。氤氲的蒸汽扑面而来，当啜进第一口茶时，舌尖有微微发烫的感受。随着吞咽茶水，静静品味每一口茶的不同滋味，体会温热的水如何滑过喉头……

专注于喝茶的每一个步骤，让我感到前所未有的放松。有时只需短短十分钟，思维就会跳出工作的框架。在茶水的浸润下，我整个人似乎"满血复活"了。

面对紧张的工作日程，如此专注地喝茶对我来说是一种"忙中偷闲"的快速减压法。如果时间充裕，比如在下班后或者周末，我也喜欢在小区里散步，或者去离家不远的公园爬爬山、跑跑步，在大自然的滋养下恢复能量。

疲劳的解决方案，并非"葛优躺"

我们专注地做一件事情久了，就容易感到疲劳，开始心不在焉或心烦气躁。工作中，这样的体验很常见，哪怕是一开始感觉不错的挑战性工作，做久了也会变得无趣。然而，工作安排可不会跟着我们的身体节奏走，就比如午饭后大家明明已经开始犯困，却还要强打精神去参加计划中的例会，由于大家精力不济，会议效果可想而知。

那么，我们该如何理解身体发出的警报？有没有什么办法能让我们快速恢复精力呢？

早在 1928 年，科学家安妮塔·卡斯滕（Anita Karsten）就展开了相关研究。她让被试从事一些活动，他们虽然无法选择具体做什么，但是可以在感到疲惫时停下来。不过，在停下来之前，被试要一直从事指定的活动，不能休息片刻。

活动主要分为两类：一类可以持续下去，比如画画；另一类很快就能结束，但需要不停重复，比如不停朗诵一首短诗（像下象棋这样的活动不在此列）。无论进行哪种活动，被试都要做到精疲力竭才能停下来，研究人员随后会为其改变背景。

比如，当某个被试一直画到手酸才停下来时，工作人员让他把画纸翻过来，演示一下自己能画得多快。没想到在新的背景中，这个自称精疲力竭的被试立刻又动起笔来，不见一丝疲惫。另一个被试在不停地重复写"ab"，然后终于累得撑不住了，他说自己的手都麻了，连一个标点符号都写不动了，然而，当工作人员让他在另一张表格上签名，并写下地址时，他却轻松地完成了。可见，他们并没有真正耗尽能量，当背景发生改变后，他们又找到了新的力量。

后来，卡斯滕让另一些被试大声朗读诗歌，他们的嗓子一会儿就哑了。但是当他们大声抱怨的时候，他们的嗓音却非常洪亮，一点儿也不沙哑。还有一个被试说自己的胳膊再也抬不起来，一个字都写不下去了，但她却还能轻松地用手拨弄头发。

这个有趣的实验至少说明了两点。首先，当你觉得自己精疲力竭时，或许情况并没你想象的那么糟糕（类似的还有长跑时经常出现的"临界点"），而机械性地重复做某件事情更容易让我们感到疲劳。其次，一旦改变工作的背景，我们就能迅速从疲劳中恢复。比如，你工作了一天，到家时感觉双腿像灌了铅，连路都走不动了。然后你突然接到朋友打来的电话，邀请你一起打球。你顿时一跃而起，奔向球场，一口气打了两个小时球都不觉得累。

由此可见，当你在办公室感到身心俱疲时，一方面，你要尊重身体发出的警报，尽快停止手头的工作；另一方面，你完全可以通过改变工作内容、环境，或者小睡一会儿等方法，快速恢复精力。

改变工作环境，让职场散发活力

如今，意识到"虚假疲惫现象"的很多公司会在办公区设置健身房、咖啡间或"疗愈室"，员工在累了的时候可以到里面运动一下，或者享用水果、饮料和零食，和同事们闲聊几句。这些投资看似增加了时间和经济成本，其实物超所值。从管理层的角度来看，在职场中打造一个宽松、积极、安宁的环境非常重要，在员工能保证完成任务的前提下改善员工的工作环境，能让大家迅速"恢复元气"，提升工作效率。

接下来，我想举迪拜的例子来说明办公场所的"小心机"对于提升员工的幸福感与创造力的重要性。

以前，我们一想到迪拜，脑海中的印象往往是富得流油的地方：奢侈的宫殿，任性的王子，无边无际的沙漠，高耸入云的哈利法塔，或者无数被遗弃的豪华跑车。其实，迪拜是一个非常现代化、多元化的国家，那里有很多值得中国的教育工作者借鉴的经验。

作为国际积极教育联盟的负责人，我曾花了近一周考察迪拜的积极教育实践，并切身感受到他们对幸福教育的关注和重视。迪拜所在的阿拉伯联合酋长国是世界上第一个专门设立"幸福部"的国家，也是第一个把"幸福教育"作为公民教育国策的国家。为此，他们特地把本国的"教育部"改名为"知识与人类发展局"。

在知识与人类发展局考察时，让我印象深刻的是其积极的人文环境。在他们的办公场所里，既没有过多的独立办公室，也没有气派的办公桌，而是各种各样随意摆放的沙发椅，装修简单，布置随意而不凌乱，这种环境可以让人们轻松愉快地交谈。

图 3-1 迪拜"教育部"办公环境

部长们的办公室和会议室丝毫没有等级观念和官气派头，反而感觉像瑜伽休息室，里面摆满了各种球、垫子、藤椅等，人们可以随意地坐在上面或移动它们。在举行学术会议的时候，我就和迪拜"教育部"的阿卜杜拉博士、英国的希尔顿爵士及新加坡的老师们一起围坐在自行车或圆球上做大会报告，会议氛围给人亲近、自然、随和、平等的感觉。

一个幸福的办公场所，同样善于通过有人文关怀的细节体现其爱心。迪拜"教育部"的办公楼里还有自己的咖啡厅、茶室、祈祷室、私密的电话亭，以及带有健身提示的楼梯，并且每上几级台阶能够消耗的热量都被标示在台阶上，还有手机消息提醒你在上班期间的能量消耗情况。

图 3-2 迪拜"教育部"内的台阶

注:图中英文句子的意思自上至下分别为"拒绝焦虑,拥抱幸福"和"至少你不是闷在小隔间里等着它送你上楼"。

优化工作方式,快速释放压力

如果你所在的公司还保持着传统的工作环境,你也不用担心。接下来我要分享的方法,也许能帮你通过自我改变快速释放压力,恢复活力。

帕特里夏·葛巴(Patricia Gerbarg)博士研究压力和呼吸的关系长达数十年,她认为我们大大低估了呼吸和情绪之间的互惠关系。当我们被办公室里濒临失控的混乱环境搞得疲惫不堪时，她建议，"第一件应该记得做的事情就是呼吸……一次深深的静心冥想呼吸会让我们在开会或看电子邮件时静下心来……接受当下所发生的事情，并且在不妄加评判和改变某些状态的情况下，倾听和观察正在发生的事情"。

葛巴博士推荐一种简单有效的方式，那就是在工作时将呼吸放慢到每分钟 4~6 次，以平衡身体的压力反应系统。这样做会引发平静加深的感觉，并且能提高注意力、清晰度和心智集中的程度。

也有研究表明，面对压力时，最快速的放松方式是看一张让人信任的面孔，他正带着温柔和爱意看你，比如跟你交情不错的同事、被你视作导师的上司。

效果稍微差一点儿的方式是听到、看到、感觉到、闻到或者尝到一些可以立刻让你感到平静、舒适的东西，或做一些有类似效果的动作。比如，喝茶对我来说很减压，如果喝茶或喝咖啡能对你起同样的作用，那么你不妨在感到压力大时马上起身给自己沏一壶茶或冲一杯咖啡。又如，把目光从办公室转向窗外，看看宁静的天空、远处的树木花草；含一口薄荷，细细品尝它的味道；闭上眼睛在摇椅上轻轻摇晃，听人们聊天的背景声。

感觉偏好因人而异。要想探索自己的感觉偏好，不妨回想一下你在小时候是如何让自己镇定下来的。如果你发现某张面孔、某种味道、某次触摸等给你带来的感觉可以让你平静而充满能量,那就花一点儿时间去体会它。深呼吸,注意身体的感觉,领会那种感觉,然后闭着眼睛重复记忆中的体验。

如果你需要直面问题,检测有哪些地方需要改进,那你不妨试试静心导师莎朗·莎兹伯格推荐的方法。

找出纸笔,列出你的压力源。它们也许是预算削减、订单太多、接到投诉电话、被老板责骂……不要担心清单列得太长。

接着,在另一张清单上,列出所有可以让你恢复平衡、振奋精神及安心地小憩片刻的事物。它们也许是听音乐、跑步、跟朋友聊天、看肥皂剧……任何能让你觉得快乐、放松的事物均可。请对自己诚实,哪怕你列出的内容会被人笑话也不要责怪自己。

然后开始列第三张清单,在上面写下每项对策对你的压力源可能产生的效应。看看这张清单,想想你需要花费多大力气来应付它们,目前你是否应付得不错,或者你还需要做出多少改变才能处理好眼前的状况。

当然,你也可以根据自己的习惯制订专属于你的解决方案,比如靠在椅背上放空大脑、闭目养神,或干脆趴在桌子上睡一会儿。总之,别让自己陷入紧张、焦虑的负面情绪,及时停下来充电、休息,调整好状态再继续。

拥抱生活，不惧改变

网传某大公司裁员，34岁以上的员工被清退、分流或调岗；某企业招聘，不接受35岁以上的人员投递简历。尽管按照联合国世界卫生组织2013年的划分，45~59岁才算中年人，但在国内，不少80后早就开始吐槽自己身陷"中年危机"了。

就像生活并非一成不变，职场同样充满了不确定性。一方面，时代飞速发展，过去人们眼中的"铁饭碗""金饭碗"早已不复存在，我们需要以终身成长的思维不断学习，拓展能力的边界；另一方面，即便在做同一份工作，我们每天也要面对很多不可控因素，比如天气原因导致航班延误，因此错过了重要的客户会议，或公司变革内部流程，导致项目要重新审批。这些都会让我们在猝不及防中感到焦虑。

思想家斯宾塞·约翰逊（Spencer Johnson）曾说："世界上唯一不变的是变化本身。"在本章最后，我想聊聊"不确定"这个话题，希望通过一些心理学实验与分析帮你看清"变化"的本质，培养更积极的心态与更强的行动力。

在不确定的时代，更要创造未来

30多年前从北大毕业的时候，我从没想过我会去美国密歇根大学攻读博士学位，也没想过我会去加州大学伯克利分校任教，更没有想过我会在十多年前来到清华大学，复建清华大学心理学系，成为一名地地道道的清华人。

这说明了什么？这说明我们生活的时代一直都在变化，我们自己一直都在变化，未来唯一可以确定的也一定是变化。而我们往往会低估这样的变化。

哈佛大学心理学系主任丹尼尔·吉尔伯特和美国弗吉尼亚大学心理学系主任提摩西·威尔逊（Timothy Wilson）发现，人的心理判断经常会出现一种误差，叫作"历史终结的幻觉"。简单来说就是，人们容易高估过去已经历的变化而低估未来会经历的变化，历史的变化到了自己所在的这一时刻好像就终结了。

为了测试"历史终结的幻觉"是否存在，他们设计了一系列实验，调查了全世界十余万人，从18岁的年轻人到68岁的老人，分别让他们报告自己过去十年以来的性格、价值观、爱好和消费习惯的变化，同时请他们预测自己未来十年的性格、价值观、爱好和消费习惯的变化。结果发现，他们报告的过去已发生变化的内容远远多于他们预测的未来会发生变化的内容。

有意思的是，这样的历史终结幻觉还会产生巨大的经济后果。也就是说，在低估自己未来的生活方式和兴趣爱好会发生的变化时，我们可能会为未来的消费付出更多的代价。

比如，请人说出他们现在喜欢的乐队和歌手，以及他们为未来十年之后去看这些乐队和歌手表演而在今天愿意交的定金，再比较一下他们十年前喜欢的乐队和歌手，以及他们今天为了听这些乐队和歌手的音乐会而愿意出的价钱，结果发现他们为前者付出的代价远远高于为后者付出的代价，这个差异值甚至高达61%。换句话说，我们可能会为未来想象的消费多付将近61%的钱。

仔细想想，历史终结的幻觉好像在学术大师身上也经常出现。尼采常说"上帝死了"，海德格尔、维特根斯坦等哲学大师也都从各自不同的角度提出过"哲学的死亡"。美国著名政治学家弗朗西斯·福山著有《历史的终结与最后的人》，其他以"终结"命名的著作包括《意识形态的终结》（丹尼尔·贝尔）、《自然的终结》（比尔·麦克基本）、《时间的终结》（巴布雅）、《艺术的终结》（卡斯比特）、《农民的终结》（孟德拉斯）、《恋情的终结》（格雷厄姆·格林）、《现代医学的终结》（劳伦斯·福斯）等。甚至约翰·霍根在其著作《科学的终结》一书中居然得出了"科学已经终结，伟大而又激动人心的科学发明时代已一去不复返了"的结论。

显然，我们能够比较轻松地回忆起自己经历过的变化，但让我们想象未来的变化确实不太容易，即使天才如尼采、维特根斯坦也都不可能预测人类社会将会发生什么样的巨大变化。

所以，站在心理学家的角度，既然人不能预测未来，那人就要敬畏未来，更要创造未来。顺着这一视角来看工作、生活中的各种变化，其实高潮也好，低谷也罢，它们都是十分自然、正常的。从 90 后的"发际线问题"到 80 后的"中年危机",每个人生阶段都有不同的困难和压力,如果我们对未来更乐观一点儿,主动拥抱而非拒绝变化,努力培养与时俱进的能力,也许我们就不会困在原地自怨自艾。

当然,心态、视野、能力的提升绝非朝夕之间就能做到,需由日积月累的点滴进步累积而成。"上善若水",也许我们应该像水一样迎接变化、适应变化、创造变化。

不安时,聚焦于你能控制的部分

我看过一部纪录片,它讲述了好莱坞著名导演、演员梅尔·吉布森(Mel Gibson)拍摄电影《耶稣受难记》的故事。

刚开始,吉布森在跟好莱坞电影公司谈投资时,得到的答复都是否定的,因为对方认为这部描述耶稣在人间的最后 24 个小时的影片不符合商业大片的既定模式,肯定没什么票房,更别提吉布森还打算让演员们在影片中说阿拉伯语和拉丁语。

尽管这部影片不被看好,吉布森还是自掏腰包凑够了拍摄经费。这是他导演的第三部作品,然而好莱坞电影界却在一切都没开始时就做出了必然赔钱的判定。整个摄制组当时承受的奚落和压力可想而知。

虽然吉布森不断给工作人员打气,但从开机第一天起,他的焦虑就如影随形。他坦言,每天清晨醒来时,他都会想:"我这是在犯一个非常可怕的错误,我一定是疯了,我根本不知道自己在做什么。"

尽管如此,这些想法却未能真正阻止他的行动。日复一日,吉布森出现在片场,用勤奋工作、认真打磨影片来把焦虑的时间填满。他并不清楚结果如何,但观众是否喜欢这部影片是不受自己控制的,他只能做到照常拍摄,每天竭尽所能做好工作,把精力花在自己能控制的部分上。

当吉布森终于完成了这部电影的拍摄时,他在重压下的努力得到了市场的认可。尽管业内人士都不看好,认为他会赔得精光,实际上这部电影却大获成功,首轮上映票房就超过2亿美元。

必须承认,这个充满励志色彩的故事有很多偶然因素,我们不能将影片的成功狭隘地理解为"只要坚持努力,就一定能成功",因为有更多失败的案例表明,如果方向错了,项目不对,那么再努力也无法逆天改命,坚持得越久,损失就越惨重。

我欣赏这个故事,是因为我被吉布森在面对压力和不确定因素时的行动力打动了。其实,普通人很少被工作或生活逼到必须破釜沉舟的境地,然而在面对不确定因素时,是深陷焦虑与自我怀疑,还是接纳负面情绪但依然积极行动,决定了我们是原地踏步,还是积极进取、不断超越自己。

一个人若总是关注自己无法控制、改变的部分,就会形成"无助—绝望"的恶性循环。不论你想做什么,坚持在自己能控制的部分发力,才有可能让局面得到改观,哪怕事后证明之前的选择是错的,那也比什么都不做,只是担心"选错"好得多。

你可以这么做。首先,接纳这件事带给你的所有负面情绪:焦虑、紧张、害怕、恐惧……当它们不可避免地袭来时,不要逃避,别试图克服它们。其次,把注意力放在当下正在做的事情上。无论这些负面情绪有多强烈,当你不再关注它们时,它们就会减弱甚至消失(至少在你全力投入当下工作的时候会如此)。再次,想清楚围绕这件事,哪些是你能控制的(比如制订行动计划、优化目标方案),哪些是你不能控制的(比如别人对此怎么想),你可以将它们列成清单。最后,将精力和注意力集中投入你能控制的部分,努力做好它。

关于如何把注意力放在当下,我听过一种有趣的说法:要让你的心变得很大,大得像苍穹,那么,当在你身上发生了不好的事情时,你并非无感,只是你的心大得像宇宙,里面包含了对人生所有事情的觉察。当你这样想时,别人的负面之词就像是云彩飘过天空,不会让你受到干扰。而有些人的心就像一块海绵,每个人对他们说的每句话都会被吸收,到最后他们的心就会变得又湿又重,他们很难去做他们想做的事情,因为他们全身心地沉浸在别人的想法和感受里。你需要花很多时间练习,才能让自己的心大得像苍穹,而不是像海绵,但这样做非常值得。

下次当你因为周围人和环境的影响而摇摆、迟疑时，请记住，面对噪声，最好的解决方式是用行动跟这个世界互动——通过关注个人行为去影响别人，改变别人的看法，用结果证明自己是对的（也许是错的），而不是被噪声吞噬，畏首畏尾。

精力不济？也许你可以"逆转光阴"

除了周遭环境，我们自身的一些"不确定"也会使我们产生焦虑、恐惧等消极情绪。比如，随着年龄的增长，在无可避免地走向衰老的过程中，我们不断感受到身体机能、健康水平等方面的下降。有些人可能会对生命力的消退感到担心，从而对未来感到悲观，具体表现为在工作上按部就班，以安稳为上；在生活中缺少激情，觉得周围只有压力和责任。

然而，衰老到底是怎么回事？有没有办法可以"逆转光阴"？

1976年，著名心理学家埃伦·兰格教授和她的学生朱迪斯·罗丁（Judith Rodin）挑选了美国康涅狄格州阿登屋养老院的一批年龄跨度为65岁到90岁的老人做了一个实验。其中47位老人为实验组，他们被告知他们对自己的生活有自主权。另外44位对照组的老人则被告知，别人会给他们营造舒适的环境，在各方面帮助他们。

实验持续了3周。结果发现，实验组的老人在做自我报告时更快乐，也更有活力，而根据对实验不知情的护士的评估结果，实验组有93%的老人的身体状况得到了改善，对照组出现同样情况的老人只有21%。此外，两组老人在和他人的交往上也表现了显著差异。实验组的老人与他人的接触增多，与各类工作人员都能长时间地交谈，而对照组则改变得很少。

兰格教授在18个月后去回访这些老人，她震惊地发现，有30%的对照组老人离开了人世，而实验组中去世的老人仅为15%！

根据该研究并结合其他早期研究，兰格和罗丁指出，对于一个被迫失去自我决策权和控制感的人，如果我们给他一种较强的自我责任感，提高其对生活的掌控感，那么他的生活质量就会提高，他的生活态度也会变得更加积极。

对此，1979年，兰格教授和她的学生在匹兹堡的老修道院里精心搭建了一个"时空胶囊"，这个地方被布置得与20年前一模一样。他们邀请了16位老人，他们的年龄都在七八十岁，每8人一组，研究人员让老人们在这里生活一个星期。

在这一个星期中，这些老人都沉浸在1959年的环境里，他们听20世纪50年代的音乐，看50年代的电影和情景喜剧，读50年代的报纸和杂志，讨论卡斯特罗在古巴的军事行动和美国第一次发射人造卫星。他们都被要求更加积极地生活，比如一起布置餐桌、收拾碗筷。没有人帮他们穿衣服，或者扶着他们走路。唯一的区别是，实验组的言谈举止必须遵循现在时——他们必须努力让自己生活在1959年，而对照组用的是过去时——用怀旧的方式谈论和回忆1959年发生的事。

实验结果是，两组老人的身体素质都有了明显改善。他们在最早出现在兰格的办公室时，大都是家人陪着来的，且显得老态龙钟、步履蹒跚。一个星期后，他们的视力、听力、记忆力都有了明显提高，血压降低了，平均体重增加了 3 磅[①]，步态、体力和握力也都有了明显的改善。实验组，即"生活在 1959 年"的老人进步尤为惊人，他们的关节更柔韧，手脚更敏捷，在智力测试中得分更高，有几个老人甚至玩起了橄榄球。局外人在被请来看他们实验前后的照片时，都几乎不敢相信自己的眼睛。

为什么会出现这样的变化？兰格教授认为，衰老是一个被灌输的概念，因为我们身处一个崇拜青春而厌弃老年的社会。年轻的时候，我们都希望自己永远不会老。与此同时，我们固执而轻率地认定衰老和能力减弱有着必然的联系。可能正是这样的观念使得人们在发现自己年龄大了以后真的衰老起来。

关于衰老，我们曾经以为，人脑的细胞数量是固定的，老化意味着不可逆的细胞流失——大脑中的神经元会在我们达到一定年龄后不断减少。而神经科学家发现，脑部神经具有可塑性（成年时期环境复杂程度的变化会改变大脑皮层的厚度），我们的大脑可以通过练习得到重塑，而神经可塑性的诸多机制会贯穿我们的整个生命周期。也就是说，虽然变老会让机体功

[①] 1 磅约为 0.45 千克。——编者注

能减退，但一些心理机能却能让机体组织重新生长。

你在看了上述实验及结果后有何感想？虽然兰格关于衰老的一些认知还有待科学家进一步证实，但我认同她的观点：我们或许应该扭转对衰老过程的消极印象，不要给晚年生活设定太多限制。

如果人生暮年并非一派萧瑟的景象，对于更年轻的我们来说，我们或许应该放下对年龄的焦虑和对不确定性的恐惧，以终身成长的思维方式更积极地拥抱变化，接受未来的挑战！

第 四 章

人 际 心 理

如 何 成 为 受 欢 迎 的 人

没有人是一座孤岛

你有没有过这样的体验?你在微信群里发言,却像"聊天终结者"一样没有得到任何回应;你给朋友发出一条信息或一封邮件,过了很久都没有收到回复……随着时间的推移,你开始紧张、不安,忍不住回看发送的内容,查看是否有措辞不当的地方。如果问题果然出在自己身上,你就会懊悔,责备自己在发送时太心急了;如果不是你的问题,你就会不断猜疑,对方对你发出的信息是无意漏看了还是有意回避……

如亚里士多德所言,人类是社会动物。生活在群体中,我们有很强的归属需求——一种与他人形成持久亲密关系的愿望。一旦被群体排斥或无视,从社会心理学角度来说,也就是社会归属感被剥夺,我们就会从短期的警觉、紧张和焦虑变成不安,甚至压抑,我们的身心都将受到伤害。

人们常说,被沉默对待是一种"情绪的虐待"。反过来,人际关系的和谐则是我们快乐、幸福的重要源泉。然而在现实生活中,不论是与熟人相处,还是与陌生人相识,我们在处理人际关系时难免会出现一些磕磕绊绊——有时是出于自我保护的防范意识，有时是心不在焉的无心之失。

那么，如何才能构建和谐的人际关系？让我们先看看心理学家怎样理解"关系"一词。

关系的力量：史上最长的追踪访谈

2013年，哈佛大学医学院临床精神病学教授罗伯特·瓦尔丁格（Robert Waldinger）从他主持开展的史上最长的"幸福感"研究中发现，人际关系是预测一个人是否会生活得幸福的特别重要的因素。

这项研究截至2013年已进行75年，而瓦尔丁格教授是该研究的第四个主持人。从1938年开始，该研究总共追踪了724位成人，每一年研究团队都会询问研究对象的工作、生活、健康等状况。

类似如此长期的大型研究都会面临一些挑战，例如被试中途退出，研究经费不足，研究员的研究重心转移或研究员死亡而无人接手。但是基于坚持与运气，原先的700多位被试中，到2013年仍在世的大约有60位，而他们当时也都已经九十多岁。

研究是从两大群背景迥异的美国波士顿居民开始的。第一组是哈佛大学的大二学生，他们后来在第二次世界大战期间全都获得了大学文凭，并且大部分人都从军参与了战事。第二组则是从波士顿最贫困的地区挑选出来的居民，他们住在破旧的房子中，许多人家中都没有干净的自来水。

在他们同意参加研究后，所有的年轻人逐一接受访谈和医疗检查，此外，研究人员到所有研究对象的家中拜访，与他们的父母面谈。后来这些年轻人进入各行各业，成为工厂工人、律师、瓦工、医生、某一任美国总统等，也有一些人酗酒或患上精神分裂，抑或是从社会底层一路往上爬至上流阶级。

在1938年，大概没有人可以想象这项研究能持续这么长时间。2013年，研究对象也开始转向原先700多位老先生和老太太的约2 000名子孙。

那么，这份历经七十多年、厚达几十万页的访谈资料与医疗记录，究竟能带给我们什么样的研究结果与启发？其中有一个显而易见的信息：良好的关系能让人们维持快乐和健康，无论他们的出身背景怎样。

瓦尔丁格教授表示，关于"关系"，有三个重点。

1. *孤单有害，社交活跃有益健康。*

与家人、朋友、社群保持较多联系的人，内心比较快乐，身体也比较健康。研究显示，社交活跃的人比较长寿。孤单感对身心都有害，尤其当人们非自愿地感到孤独时，他们更容易感到不快乐，到中年时健康状况会提早变差，大脑功能较早开始退化，因此容易早逝。

2. *朋友不在于数量多寡，而在于关系深浅。*

有时，我们在人群、聚会或婚姻中也会感到孤独，因为对幸福的体验而言，真正重要的是关系的质量而非数量。

高冲突的关系对我们的健康有负面影响，例如，身处争执不断的婚姻，可能还不如离婚有利于健康。反之，良好、温暖的关系对健康有保护作用。

研究显示，人们满五十岁后，影响日后健康状况的不是胆固醇的高低，而是他们对目前所在关系的满意度。也就是说，在五十岁时对自己的人际关系拥有最高满意度的人，在八十岁时是同龄人中最健康的那群人。显然，亲密的关系能减轻衰老带来的生理与心理冲击。

3. 良好的关系不只保护身体，还保护大脑。

研究发现，在年老时能否感受到信任与依恋，对人的脑部健康有重大影响。一位八十几岁的老先生若能感觉到有可以依靠的对象，他的记忆就能更长时间地保持清晰；反之，若老先生没有这种感受，他就有可能提早面临记忆力的衰退。

圈里圈外：人际交往也有"楚河汉界"？

著名心理学家阿德勒（Alfred Adler）曾说，"人的烦恼都是从人际关系而来的"。我们追求社会认同，渴望获得归属感，"认同"在我们的意识中清晰地划出了"我们"与"他们"的分界。

在进化史上，那些选择适应团体生活的祖先更有可能生存下来。社会团体对我们有先天的保护作用，这种进化产生的偏好在人类基因中被选择、延续。直到现在，社会认同依然是自我概念的一部分，我们生为团体的成员，会为团体感到骄傲和自豪，甚至可以为团体做出牺牲。

比如，一个女性企业管理者的自我概念既包括"我是女性""我是公司老总""我有一个女儿"等个人特性，也包括对社会团体的认同，如"我是中国人""我是清华大学的毕业生""我是中共党员"等。

澳大利亚社会心理学家约翰·特纳（John Turner）与英国社会心理学家亨利·泰吉弗尔（Henri Tajfel）一起提出了社会认同理论，其中包括如下几个重要观点。

第一，我们有分类的需求。我们如果知道一个人的团体归属，就很容易从中推测这个人可能具有这一团体的共同特性。比如，我们知道某个人是篮球队员，那么我们就容易推测这个人身材比较高大；我们知道某个年轻人是名校的学生，那么我们就容易假设他比较聪明。这种归类及其认知的倾向性，在我们面对复杂多变的外部环境时，能帮助我们以最少的认知努力来获得最多的信息。

一般来讲，我们对某个社会团体的熟悉与理解程度越高，就越容易看到其内部个体之间的差异；我们对它越不熟悉，就越容易夸大个体之间的相似性。

比如，很多中国人觉得外国人都长得差不多，同样地，很多外国人也认为所有中国人长得很像。我个人就有这样的经历。在去美国之前，我看不出外国人长相的差别，经常错认我遇到的外国朋友，因此出现了很多令人尴尬的场面。到了美国之后，我对外国人长相的差异开始变得越来越敏感。

第二，我们倾向于认同自己所归属的团体。我们容易把自己与所在团体紧密地联系起来，通过这种联系获得自尊，感到骄傲。比如，很多人都有"名校情结"，因为当他们将自己归于某一所名校的成员团体时，社会大众对这所名校的尊崇就会增强他们的自尊心和骄傲感。一所学校的名声越好，其学生的自豪感就越强。

在我读书的时候，我发现了一个很有趣的现象：一流大学的学生喜欢穿着标志鲜明的校服以显示自己的名校学生身份，二流大学的学生则会别着自己学校的校徽，三流大学的学生可能就不大愿意显示自己的学校。这些微妙的心理差异，正是社会认同感的反映。

第三，我们有将自己所在的团体与其他团体进行比较的冲动。这样我们会产生对自己团体的偏好，以及对他人团体的蔑视甚至敌视。"名校情结"的一种负面倾向，就是不愿意承认和接受别的学校有可能比自己的学校好。其中的一种下意识冲动就是贬低和诋毁其他学校，夸大自己学校的优势和影响。

很多相邻的两所层次差不多的大学的学生也会产生互相对比的冲动，有意无意地夸大对方与自己的差距，以满足个人自尊心和团体认同感。这就像通常所说的"瑜亮情结"——既生瑜，何生亮？殊不知没有"瑜"，则无"亮"之光彩；没有"亮"，则无"瑜"之美丽。这二者是相辅相成的。

第四，我们有自我评价的需求。我们通过自己的团体成员身份来评价自己，这种心理感受强化了自我概念，让我们觉得舒服和骄傲。我们倾向于将所在团体看作优于他人的团体，从而间接认为自己比其他团体的成员更加优秀和高贵，由此产生良好的心理感受。

缺少正面认同的人，通常需要通过对某个团体的认同来增强自尊心。这就是为什么很多参加帮派和黑社会组织的人往往都有明显的个人缺陷。比如，家庭地位较低的孩子或者本身缺少有吸引力的品质的小混混，通过与帮派的联系得到某种认同，从而找到社会归属感。很多"邪教"成员也是因为在主流社会中迷失了自我，需要与这个组织产生联系来确定个人方向，得到社会认同。

破冰的三个关键词

请跟我一起做一个自由联想实验：比较一下，在想到"我们""他们"时，你能联想到的概念、词汇、事物有什么不同。

发现了吗？与"我们"联系起来的，很可能是"大家""同胞""同学""同事"等有共同爱好的人，或者比较正面的形容词，比如优秀、骄傲、自豪、伟大等；与"他们"联系起来的可能是"敌人""竞争对手""异类"等，或者距离、差异、变异、低级、弱小、失败等负面的词汇。

也就是说，在想到"我们"的时候，正面的联想往往要多于负面的联想；在想到"他们"的时候则反之。由此可见，一方面，爱自己是我们与生俱来的、自然的心理反应；另一方面，我们很难超越所属团体的局限，容易用带着猜疑甚至敌意的眼光，从负面角度评判"团体之外"的人的言行。

下面我们来看看，如何突破内心的屏障，用爱、善意与温暖攻克他人的心理防线，让人际关系更和谐。

（1）微笑：释放真诚的信号

笑是人类的天性。婴儿在出生后四个星期就会流露微笑的表情，他们不需要学，也不需要模仿，天生就会笑。即使是天生双目失明的婴儿，到了出生后的第五个星期也会自发地笑出来。

可是，我们到底为什么会笑呢？

著名科学家达尔文曾经写了一本书《人类和动物的表情》，他提出一个理论，认为笑可能是人类的祖先进化出来的一种区分攻击与打闹的方式。我们发现，动物经常会有游戏性的打闹行为，它们为了向对方表示"我是友好的，我并不是想攻击你"，就会露出类似笑的表情。

想象一下，如果你的朋友冷不丁打你一下，你可能会觉得莫名其妙而感到不爽，但是如果他笑着打你一下，你就会知道他是在跟你闹着玩。你也会用笑来向对方传达"我知道你的意思，我也是友善的"。所以我们会本能地认为面带笑容的人没有攻击性，比较有亲切感。

此外，笑有时是一种假警报，用于向对方传达"并没有危险"的信息。美国的拉马钱德兰（Vilayanur S. Ramachandran）医生在这方面做了新探索。他指出，当一个人想和其他人开玩笑，告诉他们可能发生某件危险的事情，然而这件事件并没有发生时，他可能会通过一阵哈哈大笑来向其他人解除他刚才发布的"假警报"。

按照这种理论，如果有个人走路踩到了一块香蕉皮，摔倒在地，你见了不会笑，但要是那个人摔倒后又爬了起来，拍了拍身子重新赶路，你就可能会发笑——其实你是在通过笑来告诉周围的人，完全不必去救助他，他摔倒原来是"假警报"。

拉马钱德兰医生进而推断说，在远古时期，在群体中担任"警备员"这一角色的原始人也许是通过一阵哈哈大笑来解除刚刚发布的"假警报"（例如狼来了）的。由此可见，人在感到危险时会紧张，但当发现危险并不存在时，就会自然而然地笑出来。在心理学中，对这种反应的解释是：笑是缓和某种紧张状态的方法，人可以通过笑达到心理上的平衡。"讨好地笑"和"谄媚地笑"同属此列。

1860年，法国医生迪香采用电流刺激实验对象的面部肌肉收缩来激活某种情绪和情感，并摄影记录下每种情绪和情感对应的面部肌肉活动。他发现，真实的微笑信号不光会使微笑肌（附在口腔和颧骨上）受到刺激，使得我们的嘴角被拉起，也会激活眼睛周围的小肌肉，导致眼睛周围出现皱纹（俗称鱼尾纹），这是种愉悦的纯净笑容，非常具有感染力和亲和力；职业性的伪装笑容往往只表现为面颊提升和嘴角扬起，却没有眼角的肌肉活动。中国有句俗话"皮笑肉不笑"就是形容这样的笑，用科学心理学的表述应该是"皮笑眼不笑"。

在那之后一个世纪，当代著名心理学家保罗·艾克曼（Paul Ekman）发现，迪香的结论是正确的：我们不可能假装真实的微笑！我们在看到一张笑脸时，一定要去看其眼睛周围的细纹，如果有像鱼尾纹一样的皱纹，那么，这个笑容就是真正幸福或者愉快的微笑，否则它就只是礼节性的微笑。嘴角的微笑可以控制，而眼角的微笑是控制不了的。为了表示对这位法国医生的敬意，艾克曼建议从此将所有带有眼角皱纹的真心微笑通称为"迪香式微笑"。

中国人常说，"相逢一笑泯恩仇"。与他人建立关系、缓解冲突的最简单的方法，也许就是一个真心的迪香式微笑。

（2）分享：你的快乐超乎想象

加拿大不列颠哥伦比亚大学的伊丽莎白·邓恩（Elizabeth Dunn）教授请全世界50多个国家的孩子报告，让他们说最开心的事情是什么，结果发现，这些孩子都把和朋友们分享玩具排在第一位。

随后，邓恩教授和她的同事调查了632个有代表性的美国人。调查结果显示,花钱在自己身上并不能带来幸福指数的显著提升,花钱在亲人和朋友身上反而能给自己带来更大的幸福。在另一个实验中,他们记录了意外收到奖金的人在使用奖金 6~8 个星期之后的幸福指数的变化情况,也得出了同样的结论。

也许有人会说,那些愿意把奖金花在别人身上的人可能本身就是比较幸福的人,不能由此判定是和别人分享奖金给他们带来了幸福感。于是,邓恩教授邀请了一批大学生,让他们先报告自己在当天早上的幸福感如何,然后给每个人 5 美元或者 20 美元,并随机将这些学生分成两组,要求一组把钱花在自己身上,另一组把钱花在别人身上。结果再次证明,为别人花钱能给人带来更多的幸福感。

有意思的是,当工作人员要求大家预测哪一组的幸福指数更高时,绝大多数人会认为,把钱花在自己身上的人更快乐。

从上面这些实验可以看出,分享并非"零和博弈"的行为。人们把玩具分享给同伴,把钱花在别人身上,看起来他们自己拥有的实物变少了,但这实际上给他们增加了很多幸福感,更别提良好的人际关系还能让人们从别人分享的资源、信息中受益了。

不过要注意,"己所不欲,勿施于人"。分享不是把自己看不上的、不喜欢的东西转送给他人,而是将自己珍视的东西拿出来跟亲人朋友一起享受、欣赏,如此对方才能感受到你的善意,否则很可能适得其反。除了分享实物,坦诚地和别人分享我们隐秘的想法(甚至秘密),也能快速拉近彼此的距离。

1997年,美国社会心理学家亚瑟·阿伦(Arthur Aron)教授发现,让一对陌生的男女先彼此交流36个问题(涉及很多隐私),再凝视对方10分钟,他们之间大都会产生亲密的感情。因为跟别人分享隐私既展现了我们在社交能力上的自信,也能增进彼此间的信任和亲密度,让我们觉得有责任维持双方的关系。

(3)付出:别让理性压倒了天性

来自纽约州立大学石溪分校的斯蒂芬·波斯特(Stephen Post)教授是研究助人的专家。小时候,每当他情绪不好时,他的妈妈都会说:"孩子,你看上去心情不好,你出去帮助别人吧。"小波斯特便会出去帮助街对面的大叔清扫落叶,或者帮助邻居家的大伯修理栏杆。他说:"我每次这样做后,心情就会变好。"

波斯特的研究得到了著名慈善家约翰·邓普顿爵士的支持,邓普顿捐资成立了一所"大爱研究院",致力于用科学方法研究慷慨助人的人间大爱。2008年,波斯特出版了《为什么好人有好报》一书,该书开篇第一句话就是:"如果我可以带一个词到来世,那一定是'付出'。"[1]

---

[1] Stephen Post, Jill Neimark. *Why Good Things Happen to Good People* [M]. New York: Broadway Books, 2008.

那么，我们为何会帮助别人呢？

美国卡内基-梅隆大学和宾夕法尼亚大学的科学家在总结了大量研究后得出结论，人类的助人行为受两个因素的共同影响："一是同情心，它提供了帮助别人的动力……还有一个是计算，它更理性，但天生缺乏情感和动力。计算过程可以使同情引起的助人行为更加有效，但它本身实在无异于一台漠不关心的电脑。"

所以，当普通人看见一个老人倒在街上时，他的第一反应肯定是去扶这个老人起来，这是天性的流露。但随后经验与理性会告诉他，也许他扶起这个老人之后，老人会向他讹诈，并说是他把自己撞倒的。经过理智的计算之后，他决定装作没看见，从老人身边绕过去。这就是计算压倒了天良。

现代进化理论发现：进化的单位是一个个基因，而非生物个体。这就是著名的"自私的基因"理论。这个名字有些误导性，很多人以为，"自私的基因"证明人天生就是自私的。其实，这个理论只是说明人是基因的载体，遗传基因决定了我们的本能反应。

在某些情况下，人与人之间的相互帮助对基因的繁衍更有利，因此促使生物互助的基因遗传下来。这首先体现为亲人之间的帮助。我们与亲人共享许多基因，从基因的角度出发，帮助亲人在很大程度上就是帮助自己。哪怕个体的利益受损，但这样做只要能促进其他亲人的基因更好地传播，那对于基因就是合算的。自然选择会青睐这样的基因。

但是，就算你跟一个人毫无血缘关系，只要你们经常打交道，你仍然应该尽量和对方建立互助关系。因为一加一大于二，社会的互惠规范让你可以期待未来某一天会从对方那里得到回报。即便没有任何回报，帮助那些真正需要帮助的人这一行为本身也能给我们带来很多快乐，让我们身体更健康，情商更高，社交能力更强。

成为"万人迷"

或许有很多人最初接触占星是因为爱情。一个人喜欢另一个人，就想通过星座、属相等了解对方的性情，预测自己跟对方有没有"来电"的可能性。或者当一个人处在一段恋爱关系里时，面对现实生活的诸多考验，他想通过占星术等方法预测这段关系能维持多久，他和对方能否顺利步入婚姻。

爱情让人盲目，不过在心理学家的字典里可没有"不确定"这个词。与其用塔罗牌、占星术等玩"爱情猜猜猜"的游戏，不如学点儿心理学知识。要知道，半个世纪以来，社会心理学领域有关吸引力的研究已经证实，至少有五个因素可以预测两个人能否建立比较亲密的关系。

当然，心理学家的野心绝不仅限于帮助大家获得完满的爱情。这些研究更普世的价值在于，普通人可以通过对这五个因素的实践拉近与他人的距离，或者增加自己讨人喜欢的程度。

第一个因素：临近性

很多人最好的朋友，甚至最后结婚的对象，很可能就是住在同一个社区、上同一所学校、在同一家工作单位的熟人、朋友或同事。很多人的终生好友可能就是中学或者大学时住在同一个宿舍的人，尽管他们在性格、家庭背景、生活习惯等方面有非常大的差异，但他们因为在一起生活、学习过，从而形成了终生的友谊。

除了这种地理上的临近性，功能上的距离也很重要。我们有时会与那些在电梯、停车场、体育锻炼场所或者图书馆经常碰面的人成为好朋友，这就是因为功能上的接近性，我们"不得不"跟他们接触。他们不一定和我们住得很近，但是他们经常和我们产生这些功能上的互动。

有时，一个人不需要和另一个人在现实中交往，仅仅因为他们也许会有一些预期的互动，他们都有可能变成彼此喜欢的人。

心理学家约翰·戈登·达利（John Gordon Darley）在1967年做了一个有趣的实验。他给了明尼苏达大学的女学生们有关另外两个女孩并不清晰的信息，但告诉她们，其中一个女孩将会跟大家有一场很亲密的谈话。然后他请这些女学生回答，她们更喜欢这两个女孩中的哪一个。绝大多数人的答案是：更喜欢那个即将与她们谈话的女孩。可见，和其他人未来可能的互动会让我们感到幸福和快乐。

不可否认，我们的仇人或者不喜欢的人也有可能是跟我们住得很近的人，但这样的情况毕竟是少数。由上文可以看出，要想讨人喜欢，至少有三点比较重要。

首先，多去接触别人，积极主动地与人交往。接触提供了认识、沟通、互动的机会，也给了我们安全和愉悦的感受。

其次，把自己变成大家都离不开的、经常要和你打交道的人。比如，在学校里做学生干部，在社区中做志愿者，日常多做好事，成为愿意为他人付出、对他人有用的人。

最后，拓宽社交范围。在工作之外发展多元化的兴趣爱好，多创造功能上互动的机会，这样你才能结识更多有同样志趣或生活习惯的人。

可能有人会说，在一个网络化的时代，我们和其他人面对面的接触越来越少，在网络世界上的联系越来越多，这样一种时空的距离和功能的接近，会对我们的受欢迎程度造成影响吗？

科学家发现，我们对别人在网络上的形象其实有很多怀疑。因为难以分辨真伪，我们也会经常怀疑，通过网络建立的亲密关系会不会发展得太快。

在网络上形成的"喜欢""好感"很难转化为实际生活中

真正的感情。在中国，网恋一直有"见光死"的说法。根据美国婚姻网站为期6年的研究，在该网站的500万个注册用户中，只有1 100对真正成为伴侣，也就是说，只有不到0.05%的人将网络上的恋情发展成了美好的婚姻关系。

因此，关上电脑，离开办公室，多在现实世界中跟人交往、互动吧，和喜欢的人面对面沟通能让我们更愉快、更放松，由此缔结的友谊或爱情也更真实、更稳定。

第二个因素：熟悉程度

著名社会心理学家罗伯特·扎荣茨（Robert Zajonc）曾经是美国密歇根大学心理学教授，也是我的指导老师之一。他和我的大师兄理查德·莫兰（Richard Moreland）教授做过一个实验：请密歇根大学的学生看一些奇怪的中文汉字，仅仅给他们看一两分钟，然后将这些汉字和一些新的汉字混在一起，让这些不懂中文的美国学生去找出他们喜欢的汉字。结果这些学生挑的都是他们之前仅仅看过一两分钟但并不认识的汉字，无一例外。

巴布·赞恩认为，是"简单曝光效应"造成了这一结果。也就是说，对一件事物哪怕只进行短暂、简单的曝光，也可以增加它讨人喜欢的程度。

也许有人会举出反例：生活中，喜欢不一定跟重复成正比。比如，再好听的歌听多了也会让人感到疲劳、麻木，这说明简单的重复也可能不会让人感到开心。然而，个人感觉、经验与事实真相是有偏差的，很多心理学研究都证明，对于任何事物来说，只要我们见得多，我们就都会对它们产生好感，我们的确更喜欢自己比较熟悉的事物。

再举一个例子。埃菲尔铁塔刚建成时，很多巴黎人对此是很反感的；华人建筑大师贝聿铭所设计的卢浮宫的玻璃金字塔，刚开始有很多人讨厌它。但是它们现在都成为巴黎的标志，是巴黎人引以为傲的建筑物，这正是因为大家见的次数多了就对它们感到熟悉了。

对于人来说，简单曝光效应也是成立的。我们常说的"日久生情"就体现了这一点。

威斯康星大学著名心理学家西奥多·米塔（Theodore Mita）、马歇尔·德莫（Marshall Dermer）和杰弗里·奈特（Jeffrey Knight）做过一个实验。他们请一些美国大学生去看自己的照片和镜子里的自己，并询问他们喜欢照片还是镜子里的自己。绝大多数人喜欢的是镜子里的自己，因为镜子里的自己是我们经常看到的自己的形象。这就是为什么当你看到自己照片的时候，你经常觉得照片有点儿不对劲，但是如果让你的朋友选择，他们一定更喜欢照片中的你，因为那才是他们经常看到的你的形象。

好吧，不妨现在就去拿一张你最近拍摄的比较满意的照片和镜子中的你对比一下，你更喜欢哪一个呢？肯定是镜子中的你。

所以，再优秀的人如果藏得很深，躲得很远，宅得太久，不和人交往，别人也会因为陌生而对他产生距离感。中国有句俗语，"酒香也怕巷子深"。如果想讨人喜欢，那你一定要经常出现在你想要与之交往的对象面前，哪怕你们难以交流，你也至少要"混个脸熟"。所有能增进彼此了解的事，都值得尝试。

第三个因素：相似性

物以类聚，人以群分。我们总是喜欢那些和我们在社会文化、经济实力、财富、地位、阶层、教育背景等方面相似的人，以及那些和我们在性格、品德、格局、思维方式、智商、情商等方面相似的人。这就是心理学常说的在人际关系方面的匹配假设。这种相似性包括三个方面。

首先，人口学意义上的相似性。它也就是上文谈到的财富、地位等方面的相似性。

心理学家通过对人类的婚姻关系进行调查发现，人们的婚姻基本上都是由相似性决定的，而不是由差异性和父母决定的。财富、地位、阶层、文化、种族、教育背景等基本上可以决定一个人是什么样的人，以及他身边的人会是什么样的人——往往是那些和他们非常相似的人。

其次，态度和价值观念的相似性。我们很多时候以为政治态度、爱国主义倾向、政党倾向和我们的感情没有关系，实际上我们往往会更喜欢那些和我们在这些重要的社会态度方面一致的人。

一个热爱祖国的人一定会对另外一个有同样的爱国主义倾向的人有好感，一个对极左极其反感的人很难喜欢一个极左的人。因为和与我们有一致态度或倾向的人在一起，我们就会感到开心，感觉自己是对的，认为自己得到了支持。

最后，态度的一致性。如果一个人喜欢另一个人，但是他们在一些重要问题上的观点完全不同，那么这个人在心理上就会感到很别扭，从而降低对另一个人的好感。当然，他也可能反过来夸大自己和朋友在一些问题上的一致性或共同点，来强调自己对朋友的态度。比如，他和朋友的生日恰好都是在 9 月，这也会成为他喜欢这个朋友的重要理由。

有人甚至发现，把脸书上不同男女（一半是夫妻，一半不是夫妻）的照片放在一起，让别人判断其中的哪些人是夫妻，结果居然有 72% 的正确率。这说明我们很多时候是靠着相似性来选择自己的伴侣的。我们愿意与那些在长相上和我们差不多的人谈恋爱，甚至结婚。尤其在婚姻方面，大部分夫妻在外貌上的吸引力基本持平——长得英俊的男人的妻子一定不会长得太差，而容貌不太出众的女人的丈夫一般也是相貌平平。这就是我们通常所说的：不是一家人，不进一家门。

当然，生活中也有不少长相并不匹配的夫妇，但相貌不突出的那一方肯定会有一些其他的优势来弥补长相上的差距，比如学历很高，很有钱，地位很突出，等等。

所以，为了建立良好的人际关系，我们首先要选择跟自己相似的人交往，这样我们和对方才更有共同语言。其次，跟与自己不太一样的人交往能够取长补短，同样很有意义。此时不妨试着"投其所好"，站在对方的喜好、立场上考虑问题，增加自己与他们的相似性。

第四个因素：外貌

亚里士多德曾说："美貌比任何推荐信都管用。"长期以来，我们觉得男性对女性的外貌可能看得更重一些，女性则更加注重男性的性格和能力。但是心理学家伊莱恩·哈特菲尔德（Elaine Hatfield）发现，不论男女，长得漂亮都更讨人喜欢，让周围的人更愿意与之交往。

伊莱恩·哈特菲尔德的研究是将725个明尼苏达大学一年级的学生配对后请他们参加迎新晚会。研究者给每个学生先做一些人格和学术方面的能力测评，然后将他们随机配对，请他们在晚会上跳舞并交谈两个半小时。休息一段时间后，再请他们评价自己的搭档。

那么，这些学生做的人格和学术能力测评能不能预测他们的吸引力呢？人们是不是喜欢那些具有较强自尊心、脾气比较好的，或者学习成绩好、聪明的人呢？最后研究人员发现，在这些因素之外，唯一能够预测这次活动的愉悦程度的，就是这些学生的外貌。

同样，一个人对某次约会——特别是第一次约会的满意程度，主要也是受对方外貌的影响。如果第一次和你约会的人很漂亮，你就会更愿意跟对方多待一会儿，也会觉得这次约会很成功。

当然，不能据此认为，外貌的吸引力总是胜过其他品质，因为受外貌吸引力影响最大的是第一印象。这就是为什么在找工作面试时，仪容仪表往往能对面试者给面试官的第一印象产生很大影响。

外貌的优势还不止于此。那些长得漂亮的人通常也被视为更健康、更开心、更成功的人。这在心理学中叫作月晕效应，也就是当月亮特别明亮的时候，其边界反而不清晰，容易使人产生片面的印象。所以一个人的外貌讨人喜欢，会让我们对这个人的其他特性也产生好感，我们在和他待在一起时往往也会更加开心。这就是为什么在很多影视剧及文学作品中，长得好看的人通常都是正面人物，他们更加乐观、更加外向，喜欢交际，更有主见，而那些长得难看的人往往是反面角色或者配角，内心愚笨或没有主见。

正如一枚硬币有两面，外貌出色虽然容易讨人喜欢，但未必能给本人带来长期的幸福。其中一个原因是，长得漂亮的人从小受到比较多的关注、呵护，容易把伴侣和他人进行比较或挑剔伴侣。有了外貌这张"王牌"，有时人们会疏于拓展其他方面的能力，而这些能力对于维持长期稳定的亲密关系非常重要。说得极端点儿，"傻白甜"在影视剧中受欢迎，在现实里可能没那么讨喜，毕竟多数人结婚是为了一起努力过日子，而不是为了收藏一个需要轻拿轻放的易碎品。

综上所述，如果你外貌出众，那么你在利用好这一先天优势的同时，还要注意培养其他方面的技能，这会给你的人际关系加分。如果你长相一般，那么你更要注重仪容仪表，以整洁、得体的形象出现在社交场合，在内在方面则要提升气质涵养。正如曾国藩所强调的：读书可以改变一个人的气质。一个有知识、有文化、有品位、有风度的人，谁不喜欢与之交往？

第五个因素：互惠性

人有互惠互利的天性，因为在进化史上，那些形单影只的原始人很容易被其他动物吃掉，而那些帮助过别人的人则更容易在自己需要帮助的时候得到别人的照顾。

不知道大家有没有这种体会？当我们感受到对方喜欢自己时，我们相对而言也更容易喜欢上对方。别人给我们正面积极的反馈容易让我们变得特别开心，即使是非常明显的恭维也会增加我们的快乐程度。

要让别人喜欢自己，我有两个建议。

首先，学会赞美。中国人常说："良言一句三冬暖，恶语伤人六月寒。"性格再积极、宽厚的人，对于别人的批评也会敏感，只不过他们善于调整心态，能从中吸取建设性的意见。而对更多普通人而言，一句赞美或夸奖或许不会让他们感觉特别好，但是一条负面评价一定会让他们的心情特别糟糕。

其次，让别人感到快乐。美国思想家爱默生说，"找到朋友的唯一方法，就是想方设法成为他的朋友"。著名人际关系学大师卡耐基也说过，"你如果关心别人，也一定会得到别人的关心"。

曾任清华大学副教务长的著名社会心理学家费孝通先生曾经提出做人做事的"十六字诀"，它就是"各美其美，美人之美，美美与共，天下大同"。将自己的美展现出来，也帮助别人成全他们的美，像这样做到互相体贴、互相帮助，何愁不幸福，何愁不和谐，何愁不健康，何愁不讨人喜欢呢？

一切尽在不言中

你知道吗？对于沟通来说，语言上的交流只占沟通的一小部分。在面对面互动时，一则信息的情感意义有55%是通过表情、姿势和手势来传达的，38%来自声音的语调，只有7%来自语言。

"现代管理学之父"彼得·德鲁克（Peter Drucker）说："沟通中最重要的事，就是聆听那些未说出口的话。"那么，作为表达者，我们应该如何用非言语信息强调、补充或修正我们的观点？作为聆听者，我们又该如何捕捉别人释放的非言语信号，更好地领会对方的意图呢？

非言语沟通的五种方式

心理学家保罗·艾克曼发现，非言语沟通方式大致可以分为五种。

第一种：演示。当一个人说"我钓了一条很大的鱼"时，他很可能会用手势来比画鱼的大小，这个比画动作就是演示。

第二种：适应性行为。人在疲倦的时候打哈欠，在想睡觉的时候揉眼睛，这些都是适应性的非言语动作，它们反映了我们身体内部的需求。

在这种非言语动作中，还有一种被称为操纵性动作，它通常出现在两性交往时，是人们下意识的一种行为反应。比如，在心仪的异性面前面红耳赤、局促不安、手足无措，或者夸张地摆出雄赳赳气昂昂的姿态，或者女性的婀娜多姿、一步三摇等。

第三种：姿势和手势。在人类漫长的进化过程中，用肢体接触来辨别敌人和盟友是非常重要的生存需要。直到现在，很多文化中都还有一些约定俗成的身体接触方式，用来在双方之间建立一种心理上的联系，比如，用拥抱、握手表示友好，用拍肩膀表示赞扬和鼓励，等等。

第四种：面部表情。达尔文很早就发现，人类有一些基本的面部表情，它们的意义不光在人类中是明确的，甚至在其他动物中也非常明显。比如，咧开嘴大笑表示高兴和欢迎；眉头紧皱表示不满和忧虑；噘嘴表示不痛快；咬牙表示愤怒。

第五种：控制型动作。比如，在倾听某个人发言的时候，我们会用点头来表示对对方发言的兴趣，同时鼓励对方继续讲下去。在沟通中，我们通常会和对方保持眼神的接触，如果其中一方转移视线，就说明他在关注其他事情，由此也给另一方发出一个信号——现在也许是改变话题的时候。

前文提到，肢体接触可以传递善意，而现在心理学家发现，不光是善意，人类很多其他的情感、意愿和思想，都可以通过肢体接触来完成表达，这在心理学上叫触觉沟通。

2009年，迪堡大学的心理学教授，当时还在加州大学伯克利分校读研究生的马修·赫滕斯坦（Matthew Hertenstein）发现，在人类的12种情绪中，有8种可以通过接触来表达。

赫滕斯坦分别选择美国人和西班牙人作为被试，他发现在这两种文化下的人都能够有效地从他人的触摸中识别不同情绪。在他们的实验中，两组被试分别配对，每对中一个是主动接触的人，一个是被接触的人。两人被不透明的黑色幕帘隔开，主动接触的被试只能通过幕帘上的一个小洞去触摸另一名被试的前臂。主动接触者要尽量通过触摸来表达实验者所要求的各种情绪，而被接触者则要通过感受主动接触者的手来判断对方想表达的情绪是什么，然后在13个选项中选择自己认为正确的情绪。

实验结果发现，被试仅仅通过触摸就能够有效识别愤怒、恐惧、厌恶、喜爱、感激和同情这6种情绪，其正确率为48%~83%，显著高于随机水平的正确率（7.6%）。

随后，赫滕斯坦等人改进了上述实验，不再让被试仅仅触摸前臂，而是可以触摸身体的任何部位（生殖器、女性胸部等特殊部位除外）。结果发现，被试除了能够有效识别上面提到的6种情绪，还能够识别悲伤和快乐这两种情绪，识别这8种情绪的正确率为50%~80%，显著高于随机水平（11%）。

这些研究结果表明，即使是单纯的触摸行为，也能依靠触摸部位的不同传递出不同的情绪信息，并且人们能从触摸行为中识别对方想要表达的情绪。

四招提升沟通技巧

要想提升非言语沟通的效果，我推荐你尝试一下以下四个方法。

第一，在夸奖别人的时候，不妨拍拍他们的肩膀和后背。

神经心理学家埃德蒙·罗尔斯（Edmund Rolls）发现：在肢体接触的过程中，我们的眶额皮层会被激活，而眶额皮层是与奖赏和同情心密切相关的大脑神经加工区域。所以，下次你在打算夸别人的时候，不妨拍拍对方的后背和肩膀，这样会让对方感受到某种期许和奖励。

第二，在合作前轻轻接触对方。

NBA（美国职业篮球联赛）的球星在上场比赛之前一定要

彼此击掌或者是进行肢体碰撞,从心理学角度来看,这样的肢体接触能够增加团队成员之间密切合作的可能性。同理,如果你请求别人帮忙,希望别人考虑你的意见,或者试图改变对方对你的认识和态度,那么你就要在进行言语沟通之前想方设法与对方有一些肢体接触,比如握手、击掌、拥抱等,这样能大幅提升对方与你合作的倾向。当然,这种接触应该进行得比较自然,不要让人察觉你是有意去碰撞、接触他的。

第三,增加握手的时长。

生活中最常见的肢体接触是握手,其实握手不光展示了一种友好的姿态,也能够增加彼此之间的信任,让我们平静、淡定,减轻心血管的应激反应。

2015年,瑞士苏黎世大学的著名心理学家恩斯特·费尔(Ernst Fehr)教授发现:在进行商业谈判或者博弈的时候,双方会有意延长握手的时间,这样可以让大脑分泌更多神经递质——催产素,抑制对负面信息的加工,从而让人变得更加可信、更加放松。

因此,下一次你在和别人握手时,不妨尝试把握手的时间延长一两秒,或者把握手的力度增加几分。

第四,特别亲近的人之间互相按摩。

按摩不仅可以舒缓我们肌肉的疲劳、身体的疼痛,也是肢体之间的沟通交流。做按摩的人能够有效传递对对方的情感、信任,接受按摩的人也能感受到这种积极情绪。迈阿密大学的心理学家蒂法妮·菲尔德（Tiffany Field）发现，早产的孩子如果能够每天接受三次 15 分钟的按摩，其体重将会比那些没有接受按摩的早产儿多增长 47%。

需要强调的是，在进行非言语沟通时，不论使用上述哪种方式，都一定要考虑接触的场景，这关系到我们接触的方式及对接触的感受。在有些场景中，肢体接触会被认为是一种威胁、侵犯，甚至可能是耍流氓。特别是在跟对方长时间接触时，讲究分寸特别重要，尤其是异性之间的肢体接触时间不应太长。即使在同性之间，接触的主要部位也应是上肢和背部，而不是其他比较敏感的地方。

接触也反映了权力和地位的差异。在人际交往中，身体的接触通常由地位较高、权力较大的一方做出。长辈或上级可以拍晚辈或下属的肩膀、背部或头部，但是，如果下属或者晚辈反过来去拍上级或者长辈的肩膀、背部或头部，这种接触就会被认为是冒犯和不尊重。

召唤人心，动之以情

美国《时代周刊》曾经发表了一篇介绍幸福科学的封面故事。文章中特别提出，心理学中关于人类健康和幸福的最有代表性的工作，是美国社会心理学家所做的长达 25 年的研究——特别是美国伊利诺伊大学爱德华·迪纳（Edward Diener）教授的研究。

迪纳教授发现，一般人所追求的生活目标，比如高收入、高学历、美满的婚姻、年轻、美貌，甚至日照时间等，对我们幸福感的贡献实际上都比较小，真正对我们的健康和幸福起作用的是和谐友好的人际关系、至爱亲朋的关怀体贴、温暖的社会支持，以及适当的沟通技巧。

19世纪美国著名黑人领袖、民权运动先驱弗雷德里克·道格拉斯（Frederick Douglass）曾经说："如果我能说服别人，我就能转动整个宇宙。"在某种程度上，沟通可谓影响力的"拉锯"。有时，我们需要对他人施加影响力，希望别人按照我们的意愿去行动；有时，我们要避免被他人不怀好意的影响伤害，在冲动下消费或做出不利于自己的决策。

市面上教人如何说话、怎样提高情商的书很多，其中的畅销书也不少，在我看来，这些内容固然实用，不过"术"的成分居多。站在心理学的角度来说，人际交往的核心是真诚，发自内心地渴望交流、分享，相信让自己受益的东西也能帮助别人，这种推己及人的"动之以情"其实比依葫芦画瓢的"晓之以理"更有说服力。

那么，什么是沟通的"道"呢？我认为至少包含以下几个方面。

信任：维护我们的社会资本

我这一代人有很多都玩过一个被称为"马克思自白"的游戏。据说这是马克思的女儿珍妮和表妹南妮达请马克思填写的一份心理问卷，总共 20 道题，询问的是有关人生、理想、价值观、性格等方面的问题，比如"你对幸福的理解"，"你最喜欢的英雄"，"你最喜欢的菜"，等等。

因为当时我年纪小，马克思的有些回答我不是特别理解，但又不敢质疑。其中让我最纠结的就是马克思的以下两个答案：

◎ 你最能原谅的缺点——轻信。

◎ 你的座右铭——怀疑一切。

我当时一直想不清楚我究竟应该怀疑别人还是信任别人。后来我考上北大，阴差阳错学了心理学，从此走上科学研究的道路，怀疑、证伪、证实、证明已经成为我从事科学研究的座右铭。然而，我却越来越愿意相信别人，在不违背基本常识和事实的情况下，我多半选择相信别人的动机、意图和愿望。现实让我越来越认识到，谎言、诡计和欺骗行为可能只是他人保护自身利益的本能和控制他人的策略，迟早要被识破。

我们都知道，信任能降低交易成本，激发善意，提高组织协作的有效性，然而人又是很不理性的。尤其在人际交往越来越复杂、频繁的当下，不诚信的行为屡有出现，让一些人在遇到挫折、打击后关上心门，"不相信爱情""不相信真理""不相信正义"。这种心理防御机制虽然能让人免受更多伤害，但也在人际交往中竖起一道高墙，隔开了真诚与友善。

积极心理学认为，信任他人是一种理性、善良、有效的选择。我也一直觉得，相信人性的光明，怀抱善意与人交往，试着多给他人一些理解、体谅，我们自己也能从这段关系中得到正面的回馈与成长。

要想影响别人，首先要让自己成为一个值得信任的人，如此才能连接更多资源，对他人施以积极、正面的影响。你可以这么做：

◎ 尊重事实；

◎ 保持行为前后一致；

◎ 行事可靠；

◎ 理性地做出选择和决定；

◎ 多为他人着想；

◎ 对他人敞开心扉。

感恩：回馈比回报更重要

我们正处在一个物欲横行、焦虑烦躁的时代。人们关注的更多是自己缺什么，或者别人有什么而自己没有，从而使得感恩之心不容易产生。感恩是对自己曾经或现在拥有的事物的一种欣赏，它建立在拥有感而非稀缺感的基础之上。人们在关注自己缺少的东西时，会感到不满、愤怒、焦虑和沮丧；人们在感谢自己所拥有的东西时，内心则洋溢着满足、幸福、意义和仁爱。

我们经常把感恩之心和愧疚之心、亏欠之心联系在一起。愧疚之心或亏欠之心是一种有阴影的或者受局限的义务感，它们代表受惠人对施惠人的一种心理和情感上的义务。这种愧疚、亏欠之心在中国文化里通常以报恩、报答之心体现。这种精神虽然有其正面价值和意义，但感恩本身其实并不涉及任何报恩的因素。因为认识到别人给予的恩惠能使人感到幸福，但意识到自己被迫要回报对方往往会使人感到痛苦，所以，报答之心有时会驱使受惠人对施惠人产生回避或不满的心态。

当前有些感恩教育过于强调"报答之心"的意义和作用，特别是给年轻人灌输"感恩教育"就是所谓的"报答教育"这一观念，这其实是一种思想控制，而不是一种培养感恩的心态。真实的感恩不是感人，而是对自己所拥有之物的一种满足，是快乐、轻松、幸福的体验，它给予我们的是心理上的放松，而不是压力。

"感恩之心"与"欣赏之心"也有所区别。"欣赏之心"代表对人类美德的认可和欣赏，但感恩更多是对人性光辉的敬畏等心理体验。

也就是说，很多感恩之心的产生是意外收获，或者是当施惠人的社会行为比较高尚时，人们产生一种敬佩、敬仰之心。就好比让我们感动的不一定是那些讲课好的老师，而是那些激励、鼓舞了我们的老师，因为他们让我们动心、动情。

综上所述，感恩之心最大的心理效果是比起关注自己缺什么，更关注自己有什么，同时让人们更加关注别人而不是自己。正是基于这个原因，古罗马著名政治家西塞罗把感恩之心称作人类的道德巅峰，因为它是人类所有其他美德产生的根源。

在人际交往中，一个人对他人发自内心的认可、尊重和敬佩会让他的言行极具感染力，反过来也会让对方更愿意敞开心扉，聆听这个人的心声。可以说，感恩之心能引发真情的互动传递，让一个人的影响力得以温柔地持续下去。

那么，如何培养我们的感恩之心呢？

第一，经常记录值得感恩的事情。每周花点儿时间去想一想有哪些事情值得感谢，包括和亲人的拥抱，给孩子的一个微笑，甚至是一次舒服的淋浴，或者辅导自己的小孩做作业。这些都会让你意识到，生活中的点点滴滴都值得感激。这样的感恩记录能增强我们的心理动机，让我们忘记痛苦和疲倦。

第二，使用正确的语言表达。根据心理学家安德鲁·纽伯格（Andrew Newberg）和马克·瓦德门（Mark Waldman）的研究，我们日常使用的词汇可以改变神经系统的活动：有些正面的词汇，比如"爱""和平""感激"等，可以激发大脑前额叶的神经冲动，让我们变得更加聪明，更加愿意从事有利于他人和自己的行动，并增强我们的心理抗压能力。

第三，回忆。感恩是人类的道德回忆。因此，回忆那些在生活中帮助过我们的人，以及周围的人的善良、道德、崇高之举，不管这些行为是大还是小，都有利于增强我们的感恩之心。

第四，写一封感谢信，或者是打一通表达感恩的电话。美国加州大学戴维斯分校的心理学家罗伯特·埃蒙斯（Robert Emmons）和迈阿密大学的迈克尔·麦卡洛（Michael McCullough）做过一个实验，他们发现构思和撰写一封感谢信或者是一则感恩的信息，可以让人产生一种正面、积极的心理体验。另外，不论是否投递这封信，仅仅是人们在构思、写作这封信的过程中所体验到的正面情绪，就能让自己满怀感恩之心。

第五，和拥有积极心态的人待在一起。人类是一种社会性动物，别人对我们的影响比我们想象的大很多。和善良、有道德、心态积极、充满感恩之心的人待在一起，我们在无形之中就会受到他们的感染和影响。因此，多结交一些充满正能量的朋友，我们就可以变得更加积极、更加懂得感恩。

第六，养成回馈社会的习惯。感恩不是一种责任和义务，而是一种感染和升华。这种回馈不是简单地回报帮助过我们的人，而是效仿他们的精神和行动回馈其他人，回馈社会。很多善良的施恩者都不是施恩图报之人，他们不希望得到也不需要别人的回报，但很乐意看到自己的言行对别人产生影响，希望看到别人回馈更多的人。这才是感恩的真实意义。

仁爱：从"适者生存"到"仁者生存"

"文革"期间，著名社会学家费孝通先生接到革命委员会的指示，他被要求揭发自己的老师潘光旦先生。当时，潘先生重病在身，就藏在费先生的家里。在那个年代，费先生如果为了自己而把老师揭发出去，就可以一下子摘掉"右派"的帽子。但费先生不为所动，陪着自己的老师走完了人生的最后一程。

现在回想起那个场景，我仍旧不禁潸然。费孝通先生曾哀叹道："日夕旁伺，无力拯援，凄风惨雨，徒呼奈何。"为了朋友、师长情谊而甘愿承担风险、牺牲自己，费先生对潘先生的保护，诠释了中国人古道热肠的仁义之风。费先生做到了。

费孝通先生曾经手书一幅墨宝：达人大观。"达人大观兮，物无不可。"语出汉朝贾谊，意为如果用豁达大度的心胸来看待事物，就没有什么是不可接受的。达人大观，大体意同《论语》中的"仁者不忧""勇者不惧"，若具备了仁善之心、豁达的胸怀，那么在面对血雨腥风、刀霜剑雨时就都能淡然处之。于内而不愧，于外则坦然。

著名哲学家汤一介先生曾经说，他一辈子欣赏的人文学者只有两位，其中一位就是费孝通先生。1968年，美国哈佛大学著名社会学家丹尼尔·贝尔（Daniel Bell）列出他认为对人类文化有重大贡献的前100名思想家，其中唯一上榜的亚洲人就是中国的社会学家费孝通教授。

仁爱、仁义本是中国传统文化的一部分，但不知从什么时候起，"狼群法则""丛林法则"在社会上大行其道，受到很多人的追捧。还有些企业家居然希望自己的员工都成为"狼"，他们忘记了，在漫长的生物演化过程中，是人类战胜了狼和其他野兽，发展出了文明，人性超过狼性，这是不争的科学事实！

在自然法则下，"适者生存"；在异性选择中，"美者生存"；真正能长远留存的则应是我们中国人的智慧，"仁者生存"。仁者无疆，在社会交往中能展现爱和义的人，也一定具备影响他人的实力和魅力。

宽恕：抱持"如他人之心"

2018年夏，一部快意恩仇的网剧——《延禧攻略》成为舆论的焦点。女主角魏璎珞抱着为姐姐复仇的初衷进宫做绣房的宫女，其中"每过一集干掉一人"的快感，被不少网友津津乐道。面对伤害，报复似乎是唯一"正确"的解决方式。殊不知，世界上大约20%的谋杀是由报复引起的，报复也是某些人加入恐怖组织的原因之一。

面对伤害，是否有比报复更好的方式？面对伤害，我们是否可以选择宽恕？

复仇思想是普遍存在的。心理学研究发现，相对于其他的攻击行为，报复的破坏性更强，因为它有强烈的、不断延续的性质。也就是说，报复会在加害者和受害者之间形成强烈的、持续不断的、相互反应的恶性循环，直至变成"冤冤相报何时了"的仇怨。

仇恨是生活中最主要的毒化剂之一，而宽恕则是能让这种毒化剂逐渐稀释的因素。传统观念认为，宽恕就是遗忘过去的事实。现在的心理学研究发现，真正的宽恕是记得。宽恕并不是姑息错误或者是弱者的被迫反应，而是一种智慧的方法，它提醒我们避免下一次痛苦和不公正的类似行为。宽恕的真正受益者是我们自己，宽恕展示的是爱心和坚强，它代表着积极、主动、善良和伟大。

对于宽恕，日野原重明先生有段绝妙的解释：

> "恕"字从字面上看，下面是"心"，"心"上面是一个"如"字。"恕"并非宽容或者谅解犯错的人，而是说要有"如他人之心"，即应换位思考，设身处地、感同身受地为对方考虑。从对方的角度想问题，就能实现宽恕。

当然，我们提倡宽恕之心，并不是说所有的过错都是可以被宽恕的，更不是否认法律、公正在社会生活中的重要性，而是在承认发生的事情不对，并且不应再犯的基础上，尽可能站在他人的立场上选择理解、原谅。可以说，在人际交往中，宽恕是一种积极正面的心理能量。

印度某孤儿院的墙上刻着一段话，据说特蕾莎修女生前对其格外重视。在我看来，这段话道出了宽恕之心的本质：

人是不讲理的，会做自私的事。

即便如此，也请原谅。

你若显露善意，必会被人怀疑。

即便如此，也请坚持。

你若获得成功，必会遭叛树敌。

即便如此，也请成功。

你若做人正直，必会为人所骗。

即便如此，也请正直。

你用多日所创，别人一晚即毁。

即便如此，也请创造。

你寻安乐幸福，必会遭人妒忌。

即便如此，也请幸福。

今日纵然行善，明日或即被忘。

即便如此，也请行善。

你若予人以物，必有人不知足。

即便如此，也请给予。

所以，宽恕那些伤害我们的人，这样能使我们变得更加优秀、更加快乐、更加幸福，也能让我们的社会充满正能量，让我们的爱超越阶级的仇恨、意识形态的分歧、种族之间的猜疑和人与人之间的伤害。

人性的邪恶

近些年来,我以顾问的身份参与了一些中小学生自杀案例的善后。他们自杀的原因惊人地雷同:父母长期讥讽、打骂孩子。父母往往由于一件小事而大张声势、不依不饶,对孩子极尽羞辱之能事,孩子丝毫感受不到家的温暖和父母的爱,心想与其这样没意义地活着,倒不如死了痛快,于是最终选择了轻生。可悲的是,还有很多人会责备孩子太脆弱,经不起批评和教育。我想,如果类似的事发生在这些人的身上,他们也未必能忍受这种伤害。

我经常在想,为什么当前社会上总有些人会漠视别人的面子、尊严和情感,对其施以欺凌、侮辱、辱骂、痛打等"非人化"的行为?他们到底是有着什么样的心态,才会做出这样令人难以理解的举动?那些所谓的规矩、条律和准则等"理由",真的就比一个人的生命和尊严重要吗?

"非人化"加工与情绪耗竭

在正常情况下,当我们与他人交往时,我们一般会把对方看作与自己一样拥有自由意志,会感到快乐也会有痛苦的人。然而,有的时候我们也会否定他人的尊严、情感、需求,也就是否定他人之为人,并对他人进行"非人化"加工。

纵观历史,那些骇人听闻的种族灭绝主义、大屠杀及其他暴力行为都与"非人化"的心理活动有着密不可分的关系。主导或实施这种行为的人往往忽视对方的情感，对他们进行"非人化"的评判，把自己或者自己的族群凌驾于他人之上。

除了合理化的侵占行为，"非人化"心理也常常使得有些人心安理得地做一些坏事：当他们得知自己所在的群体要为过去他们对其他群体的某些暴行负责时，他们往往会"非人化"那个群体，以减少那个群体所获得的同情，从而减轻自身的负罪感。可以说，"非人化"是很多人做坏事必不可少的心理准备。

那么，使那些人产生这种"非人化"心理的原因是什么呢？除了人品、性格、道德等稳定的人格因素，他们是否还受情境性心理因素的影响？近些年随着研究的深入，科学家发现，"非人化"的发生可能还有一种与以往观点不同的原因——情绪耗竭。

情绪耗竭是指过度工作或者过度压力导致身体与情感被过度消耗的疲劳反应状态，心理上的疲惫表现为自控能力和心理健康水平的下降。很多人在出现情绪耗竭之后，往往会有多种逃避行为或心理，比如抑制自己的同情心与同理心，或者认为那些处于贫困之中的人的未来与自己毫无关系，不需要给予他们任何帮助。

我们在生活中都有这样的感受：当工作压力大，精神特别紧张的时候，我们很容易烦躁，进而情绪失控，甚至会为一件很小的事拍案而起。这就是情绪耗竭的表现。还有人对他人的悲惨遭遇冷眼旁观，躲得远远的，这有可能是因为他觉得自己无法承受在了解他人遭遇后产生的心理压力，所以这样做以避免情绪耗竭。

研究发现，人们在帮助那些有社会污点的对象（比如吸毒者、监狱里的罪犯）时，会体会到更加严重的情绪耗竭。那些在医院或贫困地区做义工的人，也容易因为同情他人而出现严重的情绪耗竭。人们如果认为自己无法承受在帮助他人的过程中所遭受的心理压力，则会选择防御性的"非人化"方式对待帮助对象，以减少自己内心的情绪耗竭，从而达到对自己情绪状态的保护目的。

在某种程度上，很多对别人苛刻、冷漠、无情的人的内心其实也充满了痛苦、阴暗和无力。很多人不愿意帮助、照顾和爱护其他人，也许是出于一种自我保护的本能，也许是受以往痛苦的负面经历的影响。这些人都需要积极心理的滋润。

同样，对于喜欢帮助别人的人，我们也要注意情绪耗竭对他们产生的影响。我们尤其需要意识到，帮助那些特别需要帮助的弱势群体可能带来情绪耗竭，这和个人的道德、觉悟、人品无关，而是一种正常的心理反应。

是什么让旁观者变得冷漠？

我们经常能在新闻报道中看到人们对他人生命垂危之际的呼救无动于衷，不愿出手相助的案例，这都是让人们的良心受到考验的令人震惊的悲剧。这样的惨剧是否揭示了人性的沦丧或道德的滑坡？

1964年3月27日，美国《纽约时报》报道了一起类似的令人发指的案件。该报道称，一位年轻的餐馆服务员在下班回家的途中遭到歹徒袭击并残忍杀害。其间有多人目击这一凶案，但无人采取有效的措施来阻止歹徒的伤害。最后，受害人在被送往医院的途中不幸去世。

虽然后来有调查发现该报道与事实有很大的出入，比如，并非所有目击者都认为这是一起命案，有人以为这只是一般的口角；有人报警，也有人冲出来保护受害人。但该报道在当时引发了美国社会有关道德的大型讨论，也引起了两位年轻的社会心理学家的关注。

美国普林斯顿大学著名社会心理学家，当时还是美国纽约大学年轻助理教授的约翰·达利（John M. Darley）和他在哥伦比亚大学的朋友比布·拉塔内（Bibb Latané）经过研究分析，对这样的事件给出了一种社会心理学的解释。

他们认为，一个人在目击了一次紧急事件，尤其是像有人被刺杀这种极端场景之后，会处于一种矛盾的境地——人道主义原则和良心的鞭策使他们想伸出援手，但是理性和非理性的恐惧会阻止这一行为。毕竟，在帮助别人的时候，我们自己也可能会受伤，或许还会体会到抛头露面的尴尬，甚至会惹上司法方面的麻烦，等等。

达利和拉塔内分析，有他人在场目击同样的紧急事件，这一社会场景本身会从多个方面阻碍人们的帮助行为，而非激励他们伸出援手。阻碍因素主要包括以下三点。

首先，从众心理的影响。现场的人看到没有其他人去提供帮助，可能会把当下的情境解释为非紧急性的，从而认为自己没有义务去帮忙。"这可能就是情侣之间拌拌嘴。"集体的不作为会导致进一步的集体不作为。

其次，"集体性无感"的困惑。每个在现场的人可能不知道其他人做出了什么样的反应，这会让他推测其他人可能正在帮忙，那么就不需要再多一个人（自己）加入了。

最后，责任扩散的干扰。在围观人数较多时，帮助的责任被分摊到围观的每个人身上，目击者由于不作为而可能会受到的责备也因此被分散、摊薄了。如果受害人绝望的哭喊只被一个人听到，并且这个人相信自己是这起事件的唯一目击证人，那么他很有可能第一时间施以援手，因为需要站出来干预的压力会集中在这名唯一的目击者身上。

由此，达利和拉塔内提出了一个假设，它就是心理学中非常有名的"旁观者效应"，即在一个紧急事件发生时，旁观者的数量越多，其中任何一个人挺身而出的可能性就越小，或者站出来的时间就越晚。

1980年以来，有60多个实验研究比较了人在独自一人或与他人在一起时的亲社会行为表现，结果大约有90%的实验证明：人在独自一人时更有可能提供帮助。研究还发现，伤害事件发生现场的在场人数越多，受害者得到帮助的可能性就越小。

虽然研究证明了旁观者效应的普遍性，但后来也有其他研究者总结得出：事情紧急与否、事件责任人和事发原因是否明确、群体的凝聚力、环境的熟悉性，甚至文化差异等因素都会对旁观者效应产生影响。现在看来，集体文化中的内、外群体之分可能会使旁观者效应更加突出。这说明这一现象值得我们继续研究。

那有没有办法减小旁观者效应的影响呢？积极心理学家认为，榜样的作用，能力的提高（会武术、懂医术、有一技之长等），责任感的提升（优越的身份、荣誉感、群众的期待、骑士精神等），愉悦的心情和善良的美德，都有可能增强我们的利他之心。由此可见，积极心态不光能让我们身心愉悦，也会让我们更有道德感。

"心有灵犀"是怎么发生的？

在人际交往中，我们能够察觉别人的感受、感情，知晓对方的欲望和倾向，知道对方的一些想法，进而推断其心理过程，这都是因为人类有一种特别伟大的能力，心理学家把它称为同理心，有些人把它的英文 empathy 翻译成共情心或者换位思维。有很多描述同理心的成语，比如将心比心、以心换心、设身处地、同体大悲、心有灵犀等。

有些人把同理心和同情心画等号，二者其实不一样。同情心是理解那些需要帮助的人的心情和经历，它会让我们产生去帮助别人的冲动。但同理心是对对方心理状态的一种理解，有时还包括对对方的担心、期望，希望对方更加快乐。

1995年，意大利帕尔马大学的神经生理学教授贾科莫·里佐拉蒂（Giacomo Rizzolatti）带着他的团队在研究猕猴大脑腹侧前运动皮层的过程中，首次发现了一类特殊的神经元，它们后来被称为镜像神经元。为什么叫它们镜像神经元呢？因为研究者发现，这些神经元不仅会在一只猴子运动的时候放电，另一只猴子在看这只猴子做同样动作的时候，也会产生神经元的放电。就像所谓的"心心相印"那样，另一只猴子的镜像神经元重印了开始那只猴子的镜像神经元的活动。

也就是说，当你做一件事情，比如拿起一个物体，以及别人看见你做这件事情——拿起物体的时候，你们二人的大脑中会产生类似的镜像神经元，脑电波的波形、强度、频率都非常相似，就像在我们神经的层面上产生了对方的心理活动的镜像，这就是同理心的神经生理基础。

儿童心理学家发现，两岁半的孩子就已经可以通过镜像神经元来推测其他人的情绪活动了。比如，孩子在看到妈妈回家东张西望时，会过来问一句："妈妈，你是在找鞋子吗？"这样的问话非常简单，正是同理心的表现，但人工智能的机器要做到这一点就很难。又如，孩子在吃冰激凌时发现爸爸看了他一眼,那么他也会停下来问一句:"爸爸,你也想吃吗?"这样的一种分享行为也是同理心的表现。

两岁多的孩子会主动安慰别人,当然也不排除有些小朋友这样做是在假装应付别人,不过这种假装需要对别人的情绪、心态和想法进行推测。芝加哥大学的心理学家利用核磁共振的扫描仪器发现,7~12岁的孩子就已经具备了"同理"别人的痛苦感受的能力——当看到有人在伤害另外一个人的时候,他们的大脑镜像神经元就会变得活跃,大脑的一些参与道德推理的脑区也会被激活。

大量积极心理学研究证明,同理心对我们的社会行为、利他的倾向、人际关系的建设、感情的建立,以及整体的幸福感都有特别重要的意义和帮助。有人甚至说同理心是社会关系的基础,是最重要的文明特征,会让世界变得更美好。

"将心比心"的局限性

既然同理心如此美好,为什么有时周围的人获得比我们更大的成就,我们却不一定会由衷地为他们感到开心,甚至还可能会有一些嫉妒或怨恨呢?为什么同理心不能消除我们的自私倾向?为什么人类在20世纪会做很多错事,伤害其他人,发动世界大战、种族迫害和政治斗争呢?

耶鲁大学著名心理学家保罗·布卢姆(Paul Bloom)对此的解释是:人类的同理心是人性的体现,但是它会有一些道德上的瑕疵。

布卢姆在其令人深思的著述《摆脱共情》（*Against Empathy*）中提出，同理心的积极效果被某些人过分地强调，让我们忽略了其中的偏见和限制作用。他认为，人类的同理心是一种有限的心理资源，它不仅会很快被用光，而且只对特定的人产生作用。他说：

> 我们在心理上并不是生来就会对陌生人怀有和对自己心爱的人一样的情感，我们对100万个受难者的恻隐之心也不等于我们对某一个具体受难者的同情的100万倍。[①]

为什么我们会对有些人的快乐、痛苦等情绪感同身受，而对其他人的情绪无动于衷呢？正如布卢姆教授所说，我们是有选择地感受到其他人的感受的，如果这些人的民族、种族、意识形态和我们的不一样，或者和我们的有一些竞争的、冲突的、对立的关系，那么我们往往会对他们的感受比较无感。换句话说，我们更容易对那些看起来像我们的或者我们喜欢的人有比较强烈的同理心。

另外一种让我们的同理心受到限制的情况是，当受难者众

---

① Paul Bloom. *Against Empathy: The Case for Rational Compassion*. London: The Bodley Head, 2017.

多时，我们往往会对这样的"大型灾难"不太敏感。因为人类进化选择的是和自己喜欢、熟悉、有血缘关系的人待在一起，所以人们对自己周围的人、亲近的人的感受相对敏感，而对一些巨大数字背后代表的苦难比较无感。对普通人而言，一个或几个亲近之人的去世是巨大的灾难，但是上百万人的死亡可能只是一些统计数据。

既然我们的同理心受到这两个特别重要的人类心理特性的局限，为什么积极心理学还是提倡培养人的同理心呢？为什么我们依然认为同理心对个人、家庭、社会和国家，以及人类命运共同体都有特别重要的积极意义呢？我个人认为，主要是因为同理心并不是一种天生的、必然的感同身受的心理活动，它也是一种选择。

我同意布卢姆教授的意见，当受难者的人数特别多，和我们的差距特别大时，我们的同理心确实会比较不足，我们可能会出现情感匮乏的状态，因为我们不会天生地对大规模的苦难和其他族群感同身受，而是需要理智地选择这样做，因此，扩展同理心是一种个人选择。能否对别人产生同理心的关键在于我们如何设定同理心的界限，有大爱的人的同理心的界限，显然比普通人大很多。

但是，我个人并不认同保罗·布卢姆及其他很多学者的有关同理心的负面作用的观点，我甚至认为布卢姆教授所谓的反对同理心其实也不是真的反对，只是要让我们意识到同理心是有局限性的,过度宣传同理心的积极作用可能会对大众产生一些误导。我们需要做的是了解这些局限性产生的原因,从而预防这样的局限性对我们造成伤害。

欣赏他人的成就可以让自己开心,看到别人的奋斗可以让我们激动,我们没有必要亲自去尝试各种生活方式,但也能从中感受到当事人情感的变化、波折和升华,这样一种心理能力当然会带来快乐、积极的效果。这也许就是同理心对我们的幸福体验的启示。

第 五 章

寻找真爱

生活不是偶像剧

理想中的他，只能来自星星吗

清华大学幸福科技实验室最近出现了一个有趣的现象。我发现越来越多的情侣会来我们实验室留下他们的合影。为什么这些年轻情侣都喜欢来这儿留影呢？因为这个实验室关注的是人类幸福的三个维度——健康（Health）、和谐（Harmony）、幸福（Happiness），而这三个英文单词的首字母都是 H，所以这个实验室也被戏称为"3H 实验室"。而对所有人来说，人际关系中的"健康、和谐、幸福"也正是我们所追求的美好的人生目标。

但关键问题是，很多人觉得找一个合适的伴侣很难。为什么呢？是不是我们理想中的那一位真的遥不可及，远在天外？

茫茫人海，有多少人值得你等待？

2014 年年初，有一部韩国电视连续剧火遍了中国，它就是《来自星星的你》，其中的男主角都敏俊颜值爆棚，非常有钱，什么都懂，什么都行，还特别温柔，随叫随到，关键是他还是一个青涩的"小鲜肉"。这样一个十全十美的人，谁不喜欢？可是，这样的人真的是太难得了，所以他的人设是一个天外来客——外星人。

那么，我们普通人有没有可能去其他星球找个外星人做男（女）朋友呢？还真有人做过尝试。有个叫弗兰克·德雷克（Frank Drake）的天文学家在1961年曾经提出一个寻找外星人的方程式，叫作德雷克方程，通过这个方程式可以推断人类为什么到现在为止还没有遇到外星人。

有趣的是，2010年，英国华威大学的数学讲师彼得·巴克斯（Peter Backus）在做了三年"宅男"之后居然发表了一篇数学论文，用德雷克方程解释"我为什么没有女朋友"。根据他的数学计算，人类找到外星人的可能性甚至大于他找到女朋友的可能性。他算来算去，根据他的条件，全伦敦能够与他来往的女性可能只有26人。

有人会说，是不是他的条件特别苛刻啊？其实他列出的德雷克方程的前提条件比我们想象的简单得多。

他是这样推算的："首先计算一下住在我附近的女性有多少。"他当时住在伦敦，伦敦总共有400万名女性，那么有多少人的年龄符合他的要求呢？——将近20%的人，也就是80万名。其中有多少人是单身呢？他计算了一下——大概40万人。又有多少人可能拥有大学文凭呢？——这是他的一个基本要求——约104 000人。其中有多少人是有魅力的呢？按照5%

的比例计算，应该是 5 200 人。其中又有多少人会觉得他有魅力呢？巴克斯说："按 5% 计算，只有 260 人。"而这 260 个人中，有多少人可能和他合得来呢？按 10% 的比例算，最后就只剩下 26 个人。

为什么只有这么少的人？问题出在什么地方？我觉得有两个很大的问题。第一，他太"宅"。他把自己比喻成一颗在茫茫宇宙中飘浮的行星，等待着与另外一颗行星相撞的机会，用这种守株待兔的方式找女朋友，成功率当然不会太高。第二，他没有学好社会心理学。什么是社会心理学？它是研究人如何与其他人建立联系，如何彼此影响，如何认识社会的一门科学。社会心理学当然不仅研究择偶问题，也研究广泛意义上的人际关系问题。

作为一个社会心理学家，我不是特别关心英国的一位数学讲师是否找得到女朋友，我关心的是中国社会有越来越多的年轻人没有知心朋友，找不到知心伴侣。2018 年，中国的结婚率创历史新低，这确实让人担忧。很多年轻人有了新的生活方式，甚至和巴克斯老师一样，喜欢宅在家里——他们称自己有"社恐"，对社会关系充满恐惧。

社会心理学家认为，与他人建立联系是人类的本能，因为每个人都很难脱离他人而独立存在。我们也特别善于建立社会关系，即使在《鲁滨逊漂流记》中那样的极端情况下，鲁滨逊也需要星期五的陪伴；《倚天屠龙记》中心智失常的"金毛狮王"谢逊在冰火岛时,需要抢人来陪他;美国电影《荒岛余生》中的主人公甚至把排球当作自己的伴侣。

人类总是在寻觅、探求、创造同伴。人的基本生存需求包括喝水、吃饭、性生活及爱情关系,这种爱甚至和性相互独立。很少有人会因为性生活不多而自杀,但有很多人因为社会关系不和谐而自杀。

著名社会心理学家斯坦利·米尔格拉姆(Stanley Milgram)在 1967 年做了一项很有趣的研究。他在美国中西部偏远的堪萨斯州和内布拉斯加州招募了 296 个志愿者,要求他们通过邮件转寄的方式——不是通过邮递公司,而是通过互相转递将一封信转给两个他们完全不认识的人,一个是在波士顿居住的银行证券经纪人,另外一个是在马萨诸塞州沙朗镇的一位神学院研究生的妻子。米尔格拉姆发现,邮件的平均中转次数为 6 次,于是他提出了著名的"六度分离理论"。

根据这个理论,你和任何一个陌生人之间相隔的人数不会超过 5 个,也就是说最多通过 5 个人,你就能够与任何一个陌生人建立联系,因为你只需要跨越六度的"分离度"。

2001 年,美国纽约微软研究院的社会心理学家邓肯·沃茨(Duncan Watts)决定在网络上重做米尔格拉姆的实验。因为他发现当初在米尔格拉姆的实验中最后只有 29% 的信件送到了目标对象的手中,如此低的送达率、如此少的采样数真的可以支持六度分离理论吗?因此,沃茨决定增加参与人数及参与者的文化代表性。他在全世界 166 个国家和地区招募了 6 万多名志愿者,请他们转递一封电子邮件。结果有 384 名志愿者的邮件抵达了终点站,而每封邮件平均的转发次数是 5~7 次,这正好符合米尔格拉姆的六度分离理论。

因此,沃茨把这个现象叫作"小世界现象"。现在发现,在联系更加紧密的社交媒体上,分离度可能更小。比如,脸书的分离度是 4.74,也就是五度分离,即每个人和陌生人之间只隔了 4 个人。这说明如今你如果在社交媒体上认识了一个陌生人,那么你们之间可能最多只隔了 4 个能将你们联系在一起的人。

根据人类的社交能力和社会网络的强大功能,以及六度分离的小世界现象,我推算出每 100 万人中至少有 6 000 个人是符合我们要求的,所以如果那位英国的数学讲师想在伦敦 400 万人中寻找理想配偶,那么符合他的要求的人数可能会高达 2 万多。当然,这 2 万多人要靠他亲自去找。如果他被动地宅着,肯定不可能找到——这需要社会关系的帮助。

单身和恋爱,也是"萝卜青菜,各有所爱"

有调查显示,在当今社会,尤其是在工业化程度较高的社会,人们保持单身的时间越来越长,单身者在人群中的比例越来越高。

人们通常认为,恋爱会让人更加幸福。一项综合 48 项研究的元分析总结认为,相比单身者,处于恋爱关系中的人拥有更高的生活满意度,其身心状况更加健康,并且这一结果也得到了后续研究者在52种文化背景下的验证。

显然,处于亲密关系中的人能够从伴侣处获得更多的社会支持与社会联结,从而得以更好地应对生活中的压力。同时,有不少研究发现,亲密关系能够培养一个人的自尊,使人更容易达成目标,还可以放大积极的成就。

与此相对,单身者的关系需求难以得到满足。单身者既缺乏来自伴侣的支持,也没有另一半来帮助自己分担压力。但近来也有研究者提出反对意见,他们发现单身者与非单身者拥有相似的生活满意度,而且单身者能够得到非单身者没有的许多好处。这似乎说明,单身生活同样能够给人带来不少快乐。

众所周知,维持一段良好的亲密关系并非易事。两个人一旦确立关系,就有可能面对诸多潜在伤害(如失望、冲突和背叛)。从这个角度来看,单身者免去了面对这些潜在伤害的可能性。尤其是人们在无法享受爱情滋养的时候,自然会投向亲人与朋友的怀抱,单身者与亲人朋友之间的关系就会得到提升。再者,由于不需要承担拥有一段亲密关系的义务,单身者能够充分追求个人的兴趣发展,实现自己的事业抱负。

然而,在较为传统的社会中,单身者可能会承受明显的财务压力和社会成本,以致这些成本掩盖了单身可能带来的良好效益。

其实，无论是保持单身还是投入恋爱，都需要面对不同的责任与利益、成本与收获。至于选择哪种情感状态，则在于每个人对不同关系可能带来的后果的权衡。问题是，什么样的人更容易在浪漫关系中获得幸福？什么样的人更适合享受单身的状态呢？

什么样的人更适合单身？

社会心理学中有个概念叫作"社会目标"，它可以分为回避社会目标和趋近社会目标。回避目标和趋近目标是呈一定负相关的两个维度，每个人在这两个维度上的得分有所不同，可以同高或同低，也可以一高一低。

高回避目标的人并不是回避所有的亲密关系，而是会选择性地回避亲密关系中的冲突与分歧，通过避免关系中的负面因素来维持关系。也就是说，这部分人在亲密关系中更容易感到焦虑和孤独，对于亲密关系中的负面事件更加警觉，通常从悲观的视角诠释互动和预测行为。通俗地说，他们倾向于注意关系中的问题，以回避可能的伤害。低回避目标的人通常不回避关系中的问题，并且能以坦然的态度对待、接受这些问题。

高趋近目标的人则采用加强亲密和促进关系加深的方式来维持社会关系，他们对社会关系更加满意，能够利用积极社会经历的益处，把中性事件看待得更加积极，并且不受负面社会事件的干扰。通俗地说，他们更关注关系中积极的方面，以获得最佳的结果。低趋近目标的人没有明显的改善关系的动机，也不主动创造成功的机会。

研究发现，高回避目标单身人群的日常生活满意度显著高于低回避目标单身人群的日常生活满意度。而在浪漫关系之中的二者并无差异。低回避目标人群的日常生活满意度在进入浪漫关系后会有显著的提升，而高回避目标人群在进入浪漫关系前后并无差异。

所以，如果你属于高回避目标人群，那么你的单身生活和恋爱生活的幸福程度相差无几。但如果你属于低回避目标人群，那么单身生活对你来说真的是相当悲惨，还是赶紧找个对象"脱离苦海"吧。

由此引出以下两个问题。

（1）既然高回避目标的人在单身时很快乐，那他们就该永远单身吗？

回避社会目标并不会减少浪漫关系带来的好处。不过问题的核心是，在浪漫关系中，高回避目标人群尽力避免的冲突是否真的发生了？假如这些冲突仍旧发生，浪漫关系对于他们而言便是弊大于利，确实会对他们造成伤害。

（2）既然高趋近目标的人在谈恋爱时很快乐，那他们万一单身了岂不是很凄惨？

未必如此。高趋近目标者的内心有一种渴望加强社会联结的原动力，这种原动力会使浪漫关系中的积极元素得到释放。

即便他们单身，他们也能从其他的社会关系，比如家人和朋友那里获取积极的经验，并且最大限度地利用这些社会支持。

所以，如果你觉得单身更快乐，那你就享受一个人的生活；如果你更希望有人陪伴，那你就拿出行动，提升自己，主动出击，别再顾忌外界的看法，勇敢地选择幸福指数更高的状态。

不可不知的爱情心理学

想知道自己是否坠入爱河？不妨来做个简单的心理测试。

如果你对下列问题做出了肯定的回答，那你可能特别喜欢这个人。

◎ 你是不是特别喜欢和他（她）一起做一些事情？
◎ 你是不是特别喜欢他（她）做事的风格？
◎ 你是不是觉得他（她）很受人欢迎？
◎ 你是不是对他（她）做事情很有信心？
◎ 你是不是很想学习他（她）做事的风格？
◎ 你是不是很尊重他（她）？
◎ 你是不是对他（她）印象非常好？
◎ 你们是不是有很多共同的爱好和追求？

如果你对下列问题做出了肯定的回答，那你可能爱上了这个人。

- ◎ 你是不是经常在想，这个人现在在做什么？
- ◎ 你是不是特别盼望和他（她）见面？
- ◎ 你是不是特别喜欢盯着他（她）看？
- ◎ 你是不是愿意帮他（她）做很多事情？
- ◎ 他（她）不在你身边的时候，你是不是有一种失落的感受？
- ◎ 你是不是特别关心他（她）的快乐和幸福？
- ◎ 你是不是有一些独占他（她）的欲望？
- ◎ 你是不是想方设法让对方觉得幸福？

不管你的回答是怎样的，我们都可以从中看出，"爱"比"喜欢"更强烈。

作为最早对"爱情"做测试的心理学家，齐克·鲁宾（Zick Rubin）认为，"爱"比"喜欢"还要多三种新的体验。

- ◎ 首先是依恋，即我们愿意和另外一个人长期待在一起，得到关爱、亲近和身体上的接触。
- ◎ 其次是关心，我们希望像照顾自己一样地照顾另外一个人，满足对方的需求，唯愿对方幸福。
- ◎ 最后是亲密，也就是我们愿意和另外一个人（伴侣）共同分享自己的感情、欲望、思想及各种身心体验和感受。

根据该定义，鲁宾研发了一套评估量表来评测我们对待特定个体（也就是意中人）的态度究竟怎样，以便区分我们到底是喜欢还是爱上了这个人。上文那些问题，正是鲁宾量表的一部分。

爱是人类的一种普世的基本情绪，就算很多人没学过心理学，从古至今，人们也在用各种方式抒发对爱情的体验。中国古诗有云："身无彩凤双飞翼，心有灵犀一点通。""在天愿作比翼鸟，在地愿为连理枝。"如今网上也有不少爱情诗准确地描述了"喜欢"和"爱"在我们身心体验上的差距，比如：

> 当你站在你爱的人面前时，你的心跳会加速。但当你站在你喜欢的人的面前时，你只会感到开心。
> 当你与你爱的人四目交投时，你会感到害羞。但当你与你喜欢的人四目交投时，你只会微笑。
> 当你和你爱的人对话时，你会欲说还休。但当你和你喜欢的人对话时，你可以畅所欲言。
> 当你和你爱的人在一起时，寒冬也会变成初春。但当你和你喜欢的人在一起时，寒冬只是变得更加美丽了一些。

那么，到底什么是爱情呢？心理学家可不甘心止步于主观感受。从 20 世纪 70 年代开始，很多心理学家开始采用科学的方法探索、研究和分析"爱情"，下面我想分享其中一些有趣的观点。

激情，非理性的生理唤醒

心理学家伊莱恩·哈特菲尔德认为，人类有两种爱情，一种是"共情之爱",一种是"激情之爱"。"激情之爱"是指一种强烈的感情,包括强烈的性兴趣、坐立不安的焦虑,以及心动的热情等。

当这些感情得到积极回应时,我们会觉得特别快乐和幸福;当它们没有得到回应时,我们会感到悲伤、失落和痛苦。哈特菲尔德认为,激情之爱延续的时间一般是6~30个月(不超过三年),它的产生需要以下三个要素。

(1)文化期望,鼓励人们相爱。

(2)遇到了他(她)理想中的爱人。

(3)能够体验到一种强烈的身心冲动。

在哈特菲尔德看来,激情之爱是一种特定的生理唤醒状态。身处充满快乐和爱的环境中的人很有可能从这种生理唤醒状态中体验到幸福,而那些身处充满敌意的环境中的人则容易从这种唤醒状态中体验到愤怒。所以说,激情之爱在某种程度上取决于我们如何认识当下的人际关系。

对此,心理学家唐纳德·达顿(Donald Dutton)和亚瑟·阿伦于1974年做了两个实验。他们首先邀请了加拿大不列颠哥伦比亚大学的男学生参加一个学习实验。

当这些男生与一些漂亮的女生见面时,有些男生会得到一个通知,他们被告知下一个实验将包括一些非常痛苦的环节。在实验快开始时,研究者会给这些学生一份简单的问卷,告诉他们,现在要评测他们当下的情绪和反应,因为这些情绪和反应通常会影响学习成绩。结果显示，提前听到这些让人恐惧的消息的男生在被问到他们在多大程度上愿意邀请面前的女同学出游或者亲吻对方的时候，表现了对女同学更强烈的兴奋和喜爱。

由此可见，哪怕生理上的兴奋是被恐惧唤醒的，只要将其跟快乐、爱、人际关系等联系起来，那么这种兴奋就有可能转变成爱（幸福）的体验。

那么，这种现象在实验室以外能不能产生呢？达顿和阿伦又在1974年请他们的一个年轻漂亮的女助手来到穿过加拿大不列颠哥伦比亚大学校园的一条小河边，让她在二百三十米高、四百五十米长的狭长的摇摇晃晃的吊桥尽头，等待每一个过桥的男学生。

这位女助手请每个男学生帮她做一份课程调查，等他们填完问卷后，她写下自己的名字和电话号码，让那些男生打电话给她进一步了解更多有关这一实验的情况。结果是，收到电话号码的男生中有一半人打了电话。

然而，当这个女助手站在一座不高的吊桥尽头询问过桥的每一个男学生，或者一位男助手站在很高的吊桥尽头等待每一位过桥的男学生时，最后很少有学生打来电话。

这个实验再次证明，身体上的兴奋可以导致人对自己的生理反应的错误理解。这就是为什么原本不太来电的两个人在一起看恐怖电影、坐过山车或者做体育运动之后，更容易成为情侣。肾上腺素的分泌能催生激情，让两个人的心更容易靠近，哪怕这样并不理性。

在实际生活中，认为一个人漂亮不漂亮是一种主观感受，即使对方不漂亮，只要长相过得去，我们在恐惧的情况下也更愿意与对方牵手。所以，跟很多人想象的不同，如果你有心仪的对象，你最好带他（她）去看恐怖片，而不是爱情片——恐惧引起的生理唤醒让人容易对异性产生怜惜之情，而看了爱情片之后，男女牵手的概率反而可能更低。

恋爱需要激情，但是当激情冷却之后，这份感情是否还能维系？这取决于我们能否把"激情之爱"转变成"共情之爱"。哈特菲尔德把"共情之爱"定义为一种互相尊重、依恋、信任和喜爱的感情，这种爱情通常建立在互相理解、尊重的基础之上，比强烈的"激情之爱"更持久、更令人感到幸福，当然，也更难获得。至于怎么获得"共情之爱"，我先留个悬念，后文再详谈。

爱情并非源于性冲动

大脑能清楚地区分性与爱的不同。新泽西州立罗格斯大学人类学家海伦·费希尔（Helen Fisher）博士和阿尔伯特·爱因斯坦医学院的露西·布朗（Lucy Brown）博士领导的一个科研小组首次通过对脑部进行核磁共振发现，爱情不像一般人所认为的那样是由性冲动萌发的。

2005年5月，权威的《神经生理学杂志》(*Journal of Neurophysiology*)刊登了这些科学家对人类为爱痴迷的诠释：爱情与性由不同的大脑系统控制。爱情往往比性冲动来得更加强烈，为爱痴狂的行为源于生理刺激，就和吃饭、睡觉一样平常。

费希尔博士让17个正处于热恋中的年轻人盯着恋人的照片看，然后让他们看其他熟人的照片。费希尔博士记录下了他们每个人脑部的活动情况，并将其逐一进行比较。同时，脑部成像仪器记录下了受测者头部血压的高低变化，这可以反映神经系统的活动情况。

结果发现，当这些年轻人看到恋人的照片时，他们的大脑中产生爱情的区域与产生性冲动的区域分布在大脑两侧，只是部分重叠。这说明性与爱是由不同的大脑系统控制的。

事实上，不仅爱与性不一样，就算同样是性，为了繁衍的性与为了获得快感的性也不一样。费希尔发现，人类进化出了三个独特但密切相关的大脑操作系统，它们分别控制人类的结婚生子、性冲动的产生和浪漫爱情的产生。她据此认为，"爱"可能由三种不同的欲望组成：性欲、爱情、依恋。实验证明，为了爱的性是最热烈幸福的，为了繁衍的性次之，最差的是为了欲望的性。

爱情，一种乐观的理性

中国人常说，"情人眼里出西施"，意思是恋爱双方通常倾向于将对方看作美好的、漂亮的，哪怕在外人眼中并不是这么回事。

荷兰格罗宁根大学的研究人员曾证明上述说法确实有道理——比起陌生人，人们在自己的伴侣的眼中更有魅力，大多数人会忽略自己的意中人在生理和外形上的缺点。因为我们认为对方美好、漂亮，这不仅可以保护对方的自尊，还可以维护我们自己的自尊。另外，这种积极的偏爱或偏见在某种程度上也有利于恋爱双方在感情上更投入，从而获得更高的恋爱满意度。

但是，也有研究显示，恋爱中的人既有盲目的一面，也有实事求是的一面。这种实事求是源于"自评"和"他评"的一致性，即我们希望我们对自己的评价与他人（恋人）对我们的评价是一致的，这种一致性对恋爱双方的亲密度、满意度而言非常重要。

那么，恋爱中的人可不可以既有乐观的偏爱（偏见），又有客观的实事求是呢？尤其是在评价对方外表的时候，我们究竟是如何认知的呢？为了弄清这个问题，美国华盛顿大学圣路易斯分校的心理学家进行了下面的研究。

心理学家招募了83位大学生志愿者（男生32位，女生51位），请他们通过一份7点量表来对自己的外表进行评价。同时，心理学家另外招募了112位大学生志愿者（男生40位，女生72位），请他们对自己的外表进行15点量表的评价。

随后，心理学家根据这些大学生所提供的自己的恋人、朋友的邮箱地址，分别给他们发了邮件，请他们也对这些被试的外表进行评价。例如，恋人需要对如下描述通过 7 点量表或 15 点量表进行评价："我的恋人的外表很有吸引力""我的恋人认为他（她）自己的外表很有吸引力""其他人认为我的恋人的外表很有吸引力"等（在 7 点量表中，1 代表"非常不同意"，7 代表"非常同意"；在 15 点量表中，1 代表"非常不同意"，15 代表"非常同意"）。

对调查结果进行检验和相关分析后，心理学家得出了如下结论。

（1）我们的恋人确实对我们的长相有乐观的偏爱（偏见）。

在 7 点量表的评分中，就外表而言，"我对自己的评价"为 4.82 分，"朋友对我的评价"为 5.64 分，而"恋人对我的评价"竟高达 6.56 分。类似的结果也出现在了 15 点量表的评分中，即"我对自己的评价"为 10.15 分，"朋友对我的评价"为 11.41 分，"恋人对我的评价"则高达 13.84 分。

这说明，我们的恋人对于我们外表的评价显著高于我们的朋友对我们的评价，而我们的朋友对我们外表的评价显著高于我们对自己的评价。所以，该研究印证了"情人眼里出西施"这句话。

（2）我们的恋人知道我们是怎样评价自己的，即恋人对我们有一种认同的准确性认知。

在 7 点量表的评分中，就外表而言，"恋人认为我对自己的评价"为5.00分,这个分数很接近"我对自己的评价"(4.82分),但是与"恋人对我的评价"(6.56分)则有显著差距。类似的结果也出现在了15点量表中,即"恋人认为我对自己的评价"为10.76分,这个分数很接近"我对自己的评价"(10.15分),但与"恋人对我的评价"(13.84分)有显著差距。相关分析显示,"我对自己的评价"与"恋人认为我对自己的评价"的相关系数达到0.35,而"我对自己的评价"与"恋人对我的评价"的相关系数仅为0.08。

也就是说,虽然我们的恋人认为我们"貌比潘安"或"美若天仙",但是他(她)其实也清楚,我们对自己外表的评价是很一般的。进一步的分析也显示,这种认同的准确性认知仅存在于恋人身上,在朋友的身上则不明显。

(3)我们的恋人知道我们的朋友是怎么评价我们的,即我们的恋人对我们有一种名声的准确性认知。

在15点量表中,就外表而言,"所有朋友对我的评价"为11.41分,"恋人对我的评价"为13.84分,而"恋人认为朋友对我的评价"则为12.47分。相关分析显示,"所有朋友对我的评价"与"恋人认为朋友对我的评价"的相关系数达到0.43,而"所有朋友对我的评价"与"恋人对我的评价"的相关系数仅为0.13。

也就是说,虽然我们的恋人对我们的外表评价很高,但是他(她)也知道我们的朋友对我们的评价并没有那么高。

总而言之，该研究的结果可以形象地用下面这个小故事来进行概述。

迈克和朱莉是一对恋人。迈克认为，如果 10 分是满分，朱莉的外表可以得到 9 分。但是，迈克其实也知道，朱莉对自己外表的评价仅有 6 分，而朱莉的朋友们对朱莉的评价也只有 7 分。所以，迈克可能会对朱莉说："亲爱的，你好漂亮，至少对我而言确实如此。"

法国文学家罗曼·罗兰说过这样一句话："世界上只有一种英雄主义，那就是在认清生活的真相之后，依旧热爱生活。"这句话同样可以用来说明上述研究的结果，即"世界上只有一种爱情，那就是我在了解你的真实情况后，依旧选择爱你"。

不但恋爱如此，婚姻也是这样。著名心理学家马丁·塞利格曼通过研究发现，婚姻的牢固程度是对配偶的评估与其实际情况的差异大小的函数。也就是说，对另一半有强烈的美好幻想的人的婚姻更幸福。

以前，我们经常会看到一些文章或故事说，两个人相处得越久，越会发现对方真实的一面，从而打破自己最初的幻想，最终导致二人分道扬镳。但是，如上这些研究却告诉我们，也许对于大千世界而言，我们只是很普通、很平凡的人，但在我们的恋人眼中，他（她）尽管明白我们还像原先一样默默无闻，却仍旧愿意将我们看作这个世界上最值得依赖的对象，最让人流连忘返的风景，无与伦比的美好。

分手的后果，对男性更严重

虽然很多女性认为男性更关心性欲的满足，但实际上男性对爱情的追求程度跟女性一样，甚至全世界为爱而亡的男性远远多于女性，其比例高达3∶1。也就是说，有将近75%为爱而亡的人是男性，而女性只占25%。

为什么会这样呢？从进化心理学的角度分析，在男女两性漫长的进化过程中，选择配偶的策略不同导致了男女分手后的心理差异。

由于生理原因，女性在选择配偶方面非常谨慎，以找到靠得住的男性。因为女性在有了性生活之后很可能会经历漫长的怀孕期和哺乳期，以及更长的抚养期，这就使得她们对配偶选择方面的投资策略往往要求严格，以确保自己的后代能够在未来得到配偶的支持和关怀。

而男性先祖在进化中的投资策略是尽可能多地去与女性发生性关系，以保证自己的基因能有足够多的机会得到繁衍，这使得男性显得有些花心。因此，无论是古代梁惠王谈到的"寡人有疾，寡人好色"，还是当代某知名男星说到的"全世界男人都会做错的事"，都是人类的演化历史选择出来的男性性心理特性（我不是说必定是这样的，只是解释为什么会有这种情况）。

几年前，美国纽约州立大学宾汉姆顿分校的心理学教授克雷格·莫里斯（Craig Morris）提出了一个有趣的假设。他认为，男性和女性在结束上一段关系之后，下一步将面临不同的配偶选择策略，由此造成双方不同的行为表现。女性在分手后不得不重新开始选择优秀的男性，所以，她们必须从分手的痛苦中迅速恢复，以保证自己的活力和对异性的吸引力。同样，男性不得不重新开始下一轮的求偶竞争，但在这样的竞争中，他们可能很快就会发现，自己并不总是能够找到优秀的女性。因此，他们的失落感会越来越强，对曾经和他们交往的优秀女性的怀念也会越来越深刻。

那么，有什么证据可以证明这样的理论假设呢？

莫里斯和他的团队在线调查了来自96个国家和地区的5 705名受访者，要求每个参加调查的人评估一下分手将会对自己的情绪和身体造成的伤害程度（伤害等级从1到10，1是没有痛苦，10是极度痛苦）。结果表明，女性在情感上感受到的痛苦更大，她们的平均得分为6.84，高于男性的6.58。女性在生理上的痛苦亦是如此，她们的平均得分为4.21，高于男性的3.75。

虽然上述数据看上去差别很小，但它们都有着统计学上的显著意义。也就是说，女性尽管在选择伴侣上极其严格，但依然有可能遇人不淑，分手也会带给她们伤害。不过，研究也发现，虽然分手会给女性带来巨大的心理和生理创伤，但随着时间的流逝，最终她们会彻底走出情伤，尤其是当她们意识到自己必须坚强，应该开始新的生活的时候，她们就会恢复得更快、更彻底。

尽管分手那一刻给男性带来的痛楚可能不像女性那么深刻，但是，男性可能会在以后的生活中逐渐产生一种深深的失落感，并且这种失落感有可能会持续几个月，甚至几年。当男性意识到自己正在这样的失落感中"下沉"时，他就必须重新通过"为爱竞争"而获得新的爱人，以取代他"失去的爱人"。更糟糕的是，有的男性还发现这个"失去的爱人"是无法被取代的。因此，分手带给部分男性的伤痛可能会终生"难愈"。

综上所述，虽然对于分手造成的情感上的痛苦，女性感受到的通常比男性更强烈，但在内心平静之后，女性的心态恢复得却比男性好。所以，女性往往能够幸福地开始新的爱情和婚姻，反倒是男性有可能会用更长的时间去怀念以前那段感情的美好。

婚姻伴侣怎么选

如今，人类的婚姻处于越来越尴尬的境地。虽然我们仍然相信拥有美满婚姻是应该的，也是可能的，但有一个不容忽视的现实是，大部分经济发达国家和地区的离婚率越来越高。美国有 50% 的婚姻以离婚告终，只有 30% 的婚姻是健康、快乐的，其他经济发达的国家和地区也一样，婚姻质量下降的现象非常明显。

随着中国经济的发展、社会的进步、女性地位的改善，中国人的婚姻也开始遭到各种诱惑和干扰。根据中国民政部的统计数据，2018年中国的离婚率达到3.2‰；经济发达的北、上、广、深地区的离婚率已经超过欧洲，直逼美国。因此，如果想从婚姻关系中得到幸福，除了用心经营，首先要考虑的是，找什么样的人结婚才能让婚姻趋向稳定、积极？

一切看脸？"鲜花"可能更配"牛粪"

在这个看脸的社会，很多人戏称自己属于"外貌协会"，找对象的一个重要考量就是长相。然而，没有任何心理学证据能够证明，长得漂亮可以作为婚姻质量、感情关系、性关系稳定和谐的预测指标，反而有研究表明，外表的魅力与对婚姻关系的满意程度之间存在一些负相关。

马里兰大学心理学教授泰·田代（Ty Tashiro）在其著作《永远幸福的科学》一书中指出，长得漂亮对婚姻幸福没有太大的帮助或影响，事实上，它可能还存在一些负面影响。也就是说，长得过于漂亮可能会给婚姻关系中的男女双方都带来一些不稳定的风险。

美国加州大学洛杉矶分校的社会心理学教授本杰明·卡尼（Benjamin Karney）通过研究发现，配偶长相的吸引力对男性和女性的意义不太一样。对男性而言，那些与对异性的吸引力比自己高的女性结婚的男人，对婚姻的满意程度较高；那些与对异性的吸引力比自己低的女性结婚的男人，对婚姻的满意程度较低。极端点儿说，长得一般但娶到了漂亮妻子的男人应该对婚姻最满意，也最愿意疼爱自己的妻子。但对女性而言，丈夫的英俊程度对婚姻质量并没有太大的影响。

也就是说，在一段关系刚开始，爱情刚萌芽的时候，长相可能具有特别的意义，外表有吸引力的男女很容易有多次短期感情的纠葛。但对于长期的夫妻关系而言，长相所产生的影响远没有我们想象的那么大（妻子的长相可能对丈夫的幸福感会有一些影响，但对妻子的幸福感来说，丈夫的长相基本上没有太大影响）。

因此，如果非要对选择配偶给出一条建议，我的建议是：女孩子不必特别注重追求那些比自己的异性吸引力高的男性。根据已有的研究，在不久的将来，男性的外貌对女性的实际意义不大，而女性的外貌却会对男性有些微妙的影响。也就是说，不要太担心"鲜花插在牛粪上"的情况，这样"牛粪"会很开心，而"鲜花"其实无所谓。当然，在看重颜值的时代，最理想的状况还是男女双方外貌相当，佳偶天成，无险无虑，皆大欢喜。

嫁一个好人！金钱并非婚姻的"特效药"

中国有句俗语，"贫贱夫妻百事哀"。对于收入比较低的夫妻来讲，金钱对婚姻质量的影响的确比较大。然而，在家庭年收入超过 7.5 万美元之后，金钱对婚姻质量的影响就明显地消失了。甚至还有研究发现，收入的增加反而与社会压力和社会孤独感的增加存在正相关的关系。因此，金钱对于人们婚姻质量的影响好像也不是那么大。

同样的结论也适用于人生刚刚起步的年轻人的婚姻。他们的经济收入在刚开始对婚姻质量必然会有一些影响，但是，当夫妻两人合起来的年收入超过 7.5 万美元之后，其影响就会产生边际递减效应，变得越来越不重要了。因此，从短期来看，对没钱的人和长期穷困的人来说，金钱在婚姻关系中具有一定的重要性，但这种重要性也只是暂时的；长期而言，金钱对婚姻关系，尤其是对个人幸福来说，并没那么重要。

那么，到底什么因素能够较好地预测婚姻关系的质量呢？现在看来，心理学家的结论与中国的很多母亲告诉女儿的那个秘密一致，那就是："嫁一个好人。"

问题是，什么样的人算是好人？有没有可以评估的指标？心理学家认为：有，而且还很准。这就是著名的人格心理学理论——"大五人格"中的"亲和性"指标。更为重要的是，其他很多人格特质有可能在生命的成长过程中发生变化（比如，人们通常关注的智商、情商及奋斗精神都有可能随着年龄的增长而变化），但亲和品质很少会随着时间的变化而改变。因此，它对长期的婚姻关系有着积极的作用。

"大五人格"是由著名心理学家保罗·科斯塔（Paul Costa）、罗伯特·麦克雷（Robert McCrae）等人提出来的，用来描述人类个体差异。研究者通过词汇学、行为学、遗传学等多门学科的研究方法，发现了可以用来概括人类所有个体差异的5种人格特质：外倾性、神经质/情绪稳定性、开放性、亲和性/宜人性、尽责性。

心理学家发现，与婚姻关系、幸福感有密切联系的特质是"亲和性"。"亲和性"得分高的人通常善解人意、热情周到、友好大方、乐于助人，他们对人性往往有较为乐观的看法，并且相信人是诚实、正直、值得信赖的——这其实就是我们常说的"拥有积极的心态"。具备"亲和性"的人喜欢用积极的眼光看待他人，对别人的需求和看法也比较敏感，因而通常比较讨人喜欢，容易被社会接受。

在夫妻关系中，那些"亲和性"强的人的表现也会令人满意，比如在性生活方面更容易让对方感到舒服和快乐，也对使对方满足和愉悦更敏感。从这个角度来说，他们是理想的爱人，这样的婚姻质量也可以保持在较高水平。

田代教授通过长期追踪168对夫妇也发现，那些"亲和性"得分高的夫妇经常表露对对方的喜爱，同时容易有一些浪漫幻想及美化自己配偶的倾向，这些甚至比爱情本身更能够预测夫妻之间的婚姻关系是否良好。

由此可见，很多中国母亲的建议——"找个性格好的男人"

还是正确的。性格好的男人更愿意关心、照顾自己的妻子,也更愿意做出自我牺牲,他们更敏感、更体贴,而这与年轻女孩追求的"高颜值"、成功、富有、强壮、勇敢等所谓的"男性魅力"并没有太大的关系。虽然性格好的男人或许不性感,做事也不雷厉风行,但他们通常是踏实稳重、厚道实在、体贴顾家的好伴侣,尤其是他们还有一种能穿透心灵的魅力。同样,娶到"亲和性"强的妻子也是男人一辈子的福气。

不过,迷恋偶像剧的年轻人可能更乐意选择帅气的"霸道总裁"和貌美的"野蛮女友",同时也有"萝卜青菜,各有所爱"之类的说法。但是,生活不是偶像剧。站在过来人的角度,我认为在现实婚姻关系中,性格是你需要重点考虑的因素之一,尤其应该优先考虑性格中的"亲和性","亲和性"强的人才是适合与你结婚的人。

当然,也有很多人关注,什么样的性格特征对婚姻关系的伤害最大?根据田代教授的研究,"神经质"是婚姻关系中最大的性格杀手。因为这样的人敏感多疑、情绪不稳定,常有强烈的不安全感。由此可见,"亲和性"和黏人的"死缠烂打"完全不同。"和"让你舒适,"黏"让你烦恼,二者差别很大。

你是关系高手,还是关系祸害?

著名心理学家约翰·戈特曼(John Gottman)号称活着的"十

位最伟大的心理咨询专家"之一,他和他的夫人朱莉·戈特曼（Julie Gottman）成立了"戈特曼研究所",致力于用科学的方法研究如何帮助夫妻或情侣维持亲密的关系。他们的婚姻咨询中心在全世界享有盛誉。

戈特曼的第一项著名研究是和罗伯特·利文森（Robert Levenson）一起在美国华盛顿大学做的。早在1986年,他们就成立了一个"爱情实验室",专门邀请一些新婚夫妇到实验室参加心理学实验。

插句题外话,利文森是我在加州大学伯克利分校的一位心理学同事,他是一位传奇的心理学家,曾经担任美国心理科学协会（APS）的主席,也曾多年担任加州大学伯克利分校人格与社会研究中心的主任。1997年,我从密歇根大学获得博士学位之后,就是利文森和当时的心理学系主任谢利·扎迪克教授两人积极鼓励并支持我去伯克利分校任教的。

言归正传,当新婚夫妇来到"爱情实验室"后,研究人员会将每对夫妇连上电极,用以观测他们身体的反应（比如心率、血流量、出汗的次数与程度）,而夫妇的任务就是聊一聊他们之间的关系:初次见面的情景是怎样的?生活中面临的主要问题是什么?生活中美好的共同经历有哪些?等等。

通过分析夫妻双方的沟通方式与他们身体反应之间的对应关系,戈特曼和利文森发现,"沟通的艺术"是夫妻之间维持长期关系和保持幸福的重要因素。

有些人是"关系高手"。这些人在讨论他们的经历和在生活中面临的问题时，沟通风格往往是温馨、体贴、平静、带有关怀的，他们没有特别强烈的生理应激反应，他们尤其能够通过对话来刻意营造一种彼此信任、相互支持、双方满意的亲密感。

另外一些人则被称作"关系祸害"。这些祸害婚姻关系的人，往往随时随地都做好了咄咄逼人地攻击或迎击对方的准备，即使在谈一些快乐的，甚至很平常的事情时，他们的血流和心跳速度也会加快。因为这些祸害关系的人对任何事情都有一种"战或逃"的应激反应，即便要与另一半坐下来好好说话，他们都会产生一种生理上的排斥。

进一步的研究发现，关系高手会对配偶的任何话题（包括无聊的话题）都表现出一种感兴趣、关心、支持和迎合的态度。而那些祸害关系的人总是对配偶的请求漠不关心，他们要么继续看电视、看报纸，要么敷衍了事，甚至完全没有回应，更为恶劣的还会表露批评、挑剔，甚至愤怒的负面情绪（比如他会说"别烦我，我正在看球赛呢"）。

因此，戈特曼和利文森认为，只要根据夫妻双方的沟通方式、应对问题的方式和身体反应，就能准确预测 6 年之后他们的婚姻状况——是继续相爱还是离婚，其准确率甚至高达 80%～90%，超过了很多心理学预测的水平（一般的心理变量对人类行为的预测水平只在 30% 左右）。

幸福是一种选择

1990年,戈特曼和他的同事在华盛顿大学又设计了一个实验。他们先后邀请130对新婚夫妇到"爱情实验室"待上一段时间,以观察他们在度假时会做的一些事情,比如做饭、打扫房间、听音乐、吃饭、聊天、闲逛等。

由于夫妻之间肯定会有一些情感交流的需求,戈特曼用了"恳求"这个概念来概括那些需求。戈特曼发现,如何应对对方关于情感的"恳求",会对夫妻之间的关系产生很大影响。

在实验过程中,戈特曼注意到,有个丈夫在看到一只鸟飞过花园时会对自己的妻子说:"快看,外面有只漂亮的小鸟。"其实,他说这句话并不是为了夸奖那只鸟,而是希望能从自己的妻子那里得到一种回应,以表明妻子对他所说的事情感兴趣。这一刻,丈夫更关心的是夫妻之间心与心的联结,他不是真的要和妻子谈论这只鸟。

妻子在这个时候面临两种选择:她既可以迎合、关心丈夫的这种情感需求并和他沟通("它真的很漂亮!""在哪儿?让我看看!"),也可以持冷漠、鄙视、批评的态度("一只鸟有什么值得大惊小怪的!""你能不能做点儿有用的事情!")。

这两种不同的互动关系对婚姻关系的存续与否有着非常深远的影响。戈特曼在接下来对这130对夫妇的6年跟踪中发现,离婚的夫妻中有70%采取了批评等冷漠的沟通方式,而6年后仍然在一起的夫妻中，有87%在"爱情实验室"中就表现出了对对方情感的"恳求"的关心、迎合。

由此可见，对于维持幸福的婚姻关系来说，最重要的既不是金钱、地位、美貌、权势，也不是孩子的学习、幸福、成功，更不是轻视、挑剔、敌意，而是夫妻双方的情感交流，是体贴、宽容、同情、支持，是以积极、感恩的心态来尊重、欣赏对方。那些总是轻视、挑剔伴侣，忽视伴侣的优点、价值和情感需求的人，往往是在为自己的婚姻埋下失败的种子。

其实，人类在婚姻关系中无论做何种选择，只会得到两种结果，不是和另一个人相依为命，就是自己独来独往。在日常生活中，夫妻不可能只对对方一味地赞美、欣赏、迎合，但也不应该总是挑剔、批评、怀着敌意。因为我们终究都是希望被陪伴的，挑剔、批评和敌意无法给婚姻带来幸福，只能带来孤独。下一次，当你的伴侣在哼歌时，试着配合他（她），接着唱下一段，你可能会收获不一样的体验。

如何让爱在婚姻中持续

在美国电影《泰坦尼克号》中，美国演员莱昂纳多·迪卡普里奥与凯特·温斯莱特饰演了一对用生命诠释爱情的浪漫情侣，多年后两人在电影《革命之路》中再次携手，演绎的却是一对中产夫妻被生活磨平梦想而渐行渐远的故事。这两部影片的题材、风格各异，对爱情、婚姻的不同诠释令人唏嘘。

在现实生活里，关于爱情与婚姻，也时常上演如上述影片这样的反转剧情，这使得一些人认为，最完美的爱情应该止步于婚姻。原本热恋的两个人一旦步入婚姻，柴米油盐的琐碎生活就会把爱情的纯净、浪漫磨平。

事实果真如此吗？

爱的三要素

在心理学界，最重要也最有影响力的爱情理论是由著名心理学家罗伯特·斯滕伯格（Robert Sternberg）提出的"爱情三角理论"。他认为，爱情包括三种成分：亲密、激情和承诺。斯滕伯格用三角形来体现这三种成分之间的相互关系。

◎ "亲密"是以情感为主的两性关系。它是伴侣之间的一种心灵相近、互相融合、互相归属、互相热爱的关系体验，包含对彼此的热情、理解、交流、支持及分享等特点。

◎ "激情"是和哈特菲尔德所说的"激情之爱"相同的以动机为主的两性关系。它是伴侣在关系变得浪漫之后，强烈渴望与对方有身体上的结合的一种状态，源自外在身体的吸引力和内在性驱力的驱动。

◎ "承诺"是以认知为主的两性关系。它是指当事人对关系维持的一种认知，决定去爱一个人和对亲密关系担责。据此又可以分为对短期关系和长期关系的认知：对短期关系的认知是自己投入一份感情，决定去爱一个人；对长期关系的认知是决定为维持两人之间的感情而做出一种持续的努力。

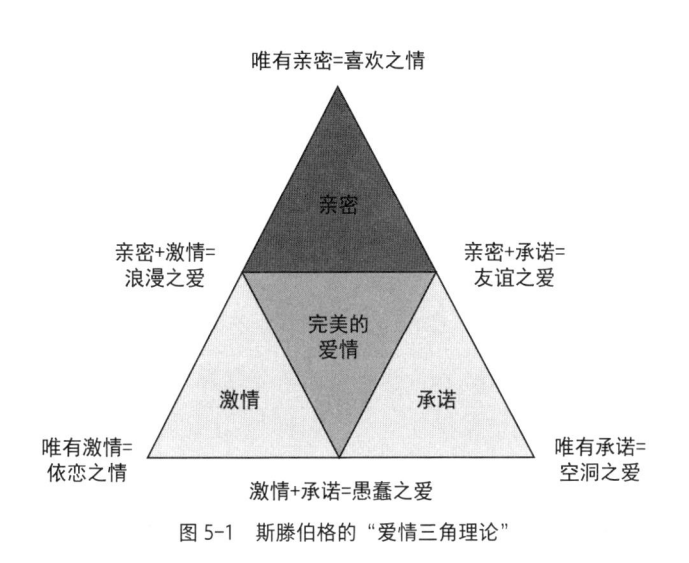

图 5-1 斯滕伯格的"爱情三角理论"

三角形顶点：唯有亲密=喜欢之情
左上：亲密+激情=浪漫之爱
右上：亲密+承诺=友谊之爱
左下：唯有激情=依恋之情
右下：唯有承诺=空洞之爱
底部：激情+承诺=愚蠢之爱
中心：完美的爱情（亲密、激情、承诺）

随着双方认识时间的增加及相处方式的改变，上述三种成分将会有不同的变化。根据斯滕伯格的理论，这三种成分可以有八种不同爱情关系的组合，并由此产生不同类型的爱情。

◎ 喜欢之情（只包括亲密）；
◎ 依恋之情（只包括激情）；
◎ 空洞之爱（只包括承诺）；

◎ 无爱（三种成分都不包括）；
◎ 浪漫之爱（结合了亲密和激情）；
◎ 友谊之爱（包括了亲密和承诺）；
◎ 愚蠢之爱（等于激情加上承诺）；
◎ 完美的爱情（三种成分共聚在一种关系中）。

综上可以看出，除了激情，亲密与承诺也是美满爱情的重要组成部分。在不同的爱情阶段，我们爱的方式可以不一样，但相爱的两个人无法永远只靠激情相处。努力维持双方的亲密度，彼此付出并承担责任，是完美爱情中重要但容易被忽略的部分。

上一节提到，决定婚姻关系能否长久幸福的一个重要因素是夫妻之间互动的方式，在本章最后，我想聊聊婚姻中的沟通问题，好的沟通能给平淡生活"加料"，让爱更持久、更稳定。

亲密关系中的语言信息与非语言信息

心理学家曾经录下 60 家公司开会时的所有对话，其中 1/3 的公司生意红火，1/3 的公司运转得还不错，而剩下的 1/3 濒临破产。然后心理学家将对话的每个句子根据积极或消极的词语进行编码，然后算出积极与消极的比例。结果发现，其中存在一条明显的分界线——当积极词语与消极词语的比例大于 2.9∶1 时，公司就会蓬勃发展；当低于这个比例时，公司的经营状况就不好。这个比例以其发现者马塞尔·洛萨达（Marcel

Losada）命名，被称为"洛萨达比例"。

随后，约翰·戈特曼用同样的方法统计了一些夫妇在某个周末的谈话，他发现如果谈话中积极词语和消极词语的比例低于 2.9∶1，那就意味着这两个人快要离婚了。要想获得关系紧密和充满爱的婚姻，这一比例就要达到 5∶1（被称为"家庭洛萨达比例"）——你对配偶的每 1 句批评都要配上 5 句积极的话。"批评与称赞的比例长期为 1∶3 的夫妇将面临一场绝对的灾难。"

一些人认为，真心相爱的两个人就应该有一说一，不加遮掩，这样才算坦诚相待——把真实的自我暴露在对方的面前。上述研究告诉我们，即使在爱人（包括亲人）之间，沟通也是要讲分寸的。一味地批评、数落对方，非但无法改变对方，还会为爱情的保鲜、婚姻的稳定埋下隐患。

在婚姻生活里，除了"洛萨达比例"，还有哪些细节需要注意？

第一，放慢脚步，增加与配偶倾心交流的时间。

举个例子。

在本的律师事务所业务腾飞之前，他和玛丽贝尔的婚姻生活原本非常美满。两人都来自移民家庭，热爱工作，也喜欢户外活动。为了让本全身心地投入法律业务，玛丽贝尔小心地花每一分钱，并推迟了构建她理想中的家庭的计划，本对此非常感激。

随着本的事业步入正轨,他赚的钱越来越多,玛丽贝尔能见到丈夫的时间越来越少了。他们交谈的时候,本似乎总在想别的事,很少注视妻子。他总在奔忙,同时有许多事务要处理,他的心思和注意力总在别处。每一件事都围绕着他的工作打转,甚至包括他们的社交生活。

一年之后,这对夫妇生了个男孩,玛丽贝尔开始忙于照顾孩子、打理家务。大约从这段时间开始,她变得非常焦虑。虽然丈夫依然对她很好,也送她精致的礼物,努力养活她和整个家庭,但她知道有些事情出了问题——生活中少了些什么,她觉得自己对生活的热情好像正在消失。医生给她开了抗焦虑的药物,虽然她的情绪在药物的作用下有所缓和,但她越来越不开心,甚至开始发胖。

生活仍在继续,本很同情玛丽贝尔,但玛丽贝尔感到自己无法放松下来享受生活,她觉得她变成了丈夫的负担,也变成了自己的负担。接下来发生的一件事让他们的生活陷入困境:本被诊断出患有癌症。

在咨询师的鼓励下,玛丽贝尔开始讲述自己的生活和婚姻。当被问到她是否与丈夫分享过自己孤单和焦虑的感受时,她说她害怕这些事会给本带来负担,尤其是现在他又病了。

玛丽贝尔没有想过,本有可能也在怀念他们曾经拥有的关系。在本接受化疗期间,他们俩有了更多面对面在一起聊天的时间。玛丽贝尔诉说了自己的悲伤,以及对他们曾经共同拥有的那种情感上的亲密感的渴望。没有了时间压力和工作日程，本放松了下来，他眼含热泪地承认自己也很想念他们曾经拥有的温柔时刻。

本的康复过程变成他和玛丽贝尔恢复关系的一次好机会。当本回到他所热爱的工作中之后，他会确保给自己和妻子留出专门的时间来过二人世界：早上有轻松的咖啡之约，晚上一起散步，此外，他们还开始旅行。玛丽贝尔的焦虑症状减轻了很多，她对当下的生活非常满足，感到很幸福。

相信很多读者都能在这对夫妻身上看到自己的影子。生活的压力让我们忘记，身处美好爱情中的两个人除了要一起看向远方，还要彼此凝望。匆忙的情感沟通是让爱情褪色的元凶，夫妻和情侣只有放慢脚步，留出更多时间与对方独处、坦诚交流，才能彼此分享快乐，分担忧伤，携手成长。

不论你的婚姻是否出现问题，你都可以像"重生"后的本和玛丽贝尔那样，不管多忙，把留给二人世界的时间加入日程表，散步、看电影、旅行、聊天……像热恋中的情侣那样热切交流对生活的看法，分享快乐与忧伤，以增加婚姻中的亲密感。

第二，注意用非语言信息表达、传递爱意。

感觉被爱及它所引发的生物反应，多数是由非语言信息（语气、表情、适当的身体接触等）激活的，这些非语言信息能让我们感觉身边的这个人对我们感兴趣，理解并珍视我们。

尤其是在人们与所爱的人沟通时，语言交流的意义取决于那些没有被说出口的内容是如何被理解的。这就是为什么我们能从爱人寻常的一句问候中捕捉到一些反常的信号。如果说话的内容和说法的方式不一致，我们立刻就能察觉，然后变得困惑，产生怀疑。

因此，要想提升与伴侣沟通的质量，你就不能只关注说出来的话语，认为只要口头表达体贴、爱意就行，你还要注意你的非语言信息是否与之相符，做到"表里如一"。当你说的话跟你的肢体语言不符时，细心的伴侣一定会察觉其中的差异，就好比当你恶狠狠地对伴侣说"我爱你"时，对方感受到的只有愤怒、赌气。

这也从另一个角度说明了坦诚交流、深度沟通的重要性。在与伴侣沟通时，要想发现非语言信息，正确理解对方传递的意思，我们应该尽量保持专注。如果我们太忙碌，或者我们的心思被其他事情占据，我们就会因为疲劳而无法集中注意力，从而在表达爱意时显得心不在焉、言不由衷，在接收信息时错过体验被爱的甜蜜。

第三，用建设性的方式处理分歧。

夫妻之间难免出现分歧，相应的处理方式非常考验夫妻之间的体贴和善意。不善于沟通的伴侣往往"话不投机半句多"，以息事宁人的态度搁置争议，或者"三句不和就掀桌"，为了鸡毛蒜皮的小事也能吵得翻天覆地。

体贴并不意味着必须压制自己的感情，一味迁就对方，我们完全可以用建设性的方式结束冷战或"火拼"。我有三条建议。

（1）在表达意见之前，尝试理解对方的观点和立场。

（2）克制冲动的情绪，耐心解释自己的立场。

（3）发起讨论，在如何解决问题上设法达成一致。

举个例子。丈夫说："这一次，我们终于可以不用去你们家过年了。"如果妻子是"关系祸害"，那么她可能会火冒三丈地说："你这是什么意思？是不是不喜欢我父母？是不是不喜欢我们家？"情绪冲动之下，她很有可能会狭隘地理解丈夫的话。如果妻子是"关系高手"，她听到这样的话可能也会生气，但会希望对方解释一下，为什么他这样说？丈夫也许没有其他负面的想法，要表达的意思只是：我们俩终于可以单独在一起过一个新年了。如果丈夫的确对岳父岳母有些看法，那么这究竟是谁的问题导致的？丈夫有这种看法是出于误会还是其他原因？致力于沟通问题，而非发泄情绪，才能在婚姻的破坏性因素萌芽时及时发现它并将其铲除，这才是宽容和体贴的沟通方式。

提升爱的 6 个小技巧

在一段亲密关系里，除了要留意沟通中的语言信息与非语言信息，我们还可以通过如下技巧向伴侣释放更多爱的信号。

（1）增加肢体接触。夫妻或情侣之间的肢体接触，比如拥抱、爱抚、亲吻、性行为等都能够增进感情。女性尤其认为夫妻之间的亲吻对增进夫妻感情特别重要。因此，在上班之前、下班之后或者做家务的间隙，请记得给你的伴侣一个"随意"的亲吻，让爱的表达成为日常生活的一部分。

（2）重视性生活。你上一次和伴侣调情是什么时候？如果你们因忙于工作或照顾孩子而不再有玩闹和调情，现在就是让它们回归的最好时候。要知道，做爱时的我们的大脑会分泌多巴胺、催产素、后叶加压素（它会提高我们的血压）及肾上腺素（它会让我们激动）等神经递质或激素，这与我们在爱上一个人时产生的生理上的反应一模一样。

（3）增加彼此的相似性。"夫妻相"产生的一个重要原因，是我们在维持婚姻关系的过程中会有意或无意地逐步增加在生活习惯上的相似性，比如吃相同的饭菜，做相同的事情，享受相同的爱好，甚至连欣赏地看着对方都会使自己的神情举止变得越来越和对方相似。

（4）做一些简单但让人觉得快乐的小事情。研究发现，夫妻一起看一些有关爱情的电影并讨论这些电影，会降低离婚率；翻看、回顾恋爱或者蜜月期间两人的视频、照片，以及共同抚育孩子的一些生活经历，都能增进夫妻之间的感情。

一些善意的、随意的小举动也会为对方带去浓浓的爱意。比如给爱人做一顿早饭，为爱人写一首小诗，在爱人生日时订一束有意义的鲜花，赞美爱人今天的气色（或妆容、服饰等），偶尔为爱人按摩，等等。

（5）分享彼此的欲望、志向和梦想。透明和承诺是婚姻关系中特别重要的元素（对于恋爱关系同样如此）。当我们向对方分享自己的愿望，表白对彼此的承诺时，这样的心愿和誓言会增强彼此之间爱的联结，让婚姻成为爱的堡垒、幸福的港湾。

（6）培养对婚姻坚定的责任感和信念。那些相信自己的婚姻能够持续，而且愿意保护婚姻的人的感情和婚姻相对而言会更加长久，这就是自我实现的预言效应。

和通常的理解不一样，心理学家发现夫妻之间远距离的爱也是可以实现的。只要有维持关系的坚定信念，能互相分享亲密的信息，或者对对方有一种特别理想化的欣赏，那些即使不在一个地方生活的夫妻也能够保持亲密的关系。

第六章

积极养育

为孩子注入王者基因

母爱的本质是关爱

说到母爱，不仅是人类，其他哺乳动物也会出于本能疼爱自己的孩子。然而跟其他物种比起来，人类的婴幼儿时期很长，对现代职场女性来说，在孩子年幼时给予他们朝夕陪伴实在是个挑战。

孩子有分离焦虑，妈妈在不舍之余也担心错过孩子的成长。对此，很多人提出要科学育儿，给孩子高质量的爱与陪伴。那么，母爱的本质究竟是什么？我们要如何在努力工作的同时更好地关爱孩子？

让我们先来看历史上的一个经典实验。

"绒布妈妈"vs"铁丝妈妈"

美国心理学会前主席、威斯康星大学著名心理学家哈里·哈洛（Harry Harlow）做过一个实验：将刚出生的恒河猴交给两个"代理妈妈"来抚养，一个是用铁丝做的能够给小猴子提供奶水的"铁丝妈妈"，另一个则是全身包着舒适绒毛，能够给小猴子提供接触感的"绒布妈妈"。

结果显示，参与实验的小猴子更愿意和那个能够给它提供舒适感和依恋感的"绒布妈妈"待在一起，而不是和那个只给它提供奶水却无法提供依恋感的"铁丝妈妈"待在一起。每天24个小时中，小恒河猴会待在能够给它抚触感的"绒布妈妈"怀里近18个小时，而它只有约3个小时会趴在能够给它提供奶水的"铁丝妈妈"怀里吸奶，其余的时间里，它就在二者之间跑来跑去。

这说明，母爱除了在于给孩子提供奶水这样的生命支持和物质帮助，更重要的在于为孩子提供接触感和依恋感这样的心理支持。也就是说，母爱的本质绝对不是简单地满足孩子的饥饿等生理需求而已，它还应该包括与孩子的接触、对孩子的爱抚和心理上的关怀，这些才是对孩子的心理健康的根本保障。

为什么哈洛能够得出这样的结论？

因为他在实验过程中做了一个设计，让两组猴子都能听到一个特别奇怪的声音并看到一个巨大的玩具（比如一个敲着鼓的泰迪熊玩具）。那些能够获得抚触感的小猴子会立刻奔向自己的"母亲"，趴在它们怀里慢慢地安静下来，因为与"母亲"的接触能够为它们提供心理上的安全感；那些无法获得抚触感的小猴子则立刻瘫倒在地，不但疯狂地抓挠自己，而且不断地撞击自己，还大声地尖叫，这样的表现与那些在精神病院里病情发作的患者的行为几乎完全一样。由此可见，母亲给予的心理支持是让婴儿健康成长的一个特别重要的基础。

哈洛所做的第二个实验更加让人震撼。他把实验用的小恒河猴分成两组，使它们没有自主选择母爱的可能性。尽管这两组猴子喝的奶水和成长环境都一样，但那些有机会接触"母亲"的小猴子和那些没有机会体验呵护感和抚触感的小猴子在成长过程中所表现的行为完全不一样。

特别值得我们警醒的是：缺乏母爱这种心理支持的影响是长期的，甚至可能是终生的。那些处于封闭条件下的恒河猴在经历了前8个星期所受到的伤害之后，很难和其他猴子恢复正常的社会交往。恒河猴受到的这种没有母爱心理关怀的影响的这8个星期，至少相当于人类婴儿出生后的头6个月。因此，哈洛把早期母爱形成的关键期定为6个月。他建议，人类的婴儿和母亲最少要有6个月的时间经常在一起。换句话说，人类的产假起码要有6个月左右，才能保障孩子和母亲之间长期的、亲密的关系。

我们该如何去爱孩子？

1978年，哈洛在心理学会年度大会上以"母爱的本质"为题公布了这一研究成果，立刻引起轰动。当时美国的主流心理学受行为主义和弗洛伊德精神分析思想的影响很大，很多人错误地认为母亲和孩子之间过多的亲密接触会阻碍孩子的健康发展，对孩子人格的发展产生负面影响，从而使得他们在成人后过度依赖母亲。而哈洛的实验结果恰好证明了母亲和孩子之间的亲密接触，以及母亲给予孩子的情感满足和社会支持，是促使孩子正常发育和健康成长的重要因素，彻底粉碎了当时的那些错误观念。

中国人常说："有奶便是娘。"由此看来，应该把这句话改为"有爱便是娘"才对。看到这里，那些因为工作忙碌而难以在生活上无微不至地照顾孩子的妈妈大可松一口气。跟照料孩子的饮食起居相比，亲子之间更重要的是肌肤的接触与心灵的互动。这也提醒广大母亲做到以下几点。

首先，尽量坚持母乳喂养。

亲自哺乳非常辛苦，但这条建议除了出于对母乳对孩子及母亲本人身体健康的益处的考虑，从心理角度来说，也是因为这是亲子间最亲密、最温柔的肌肤相亲的独处时刻。爱与信任正是在这样的时刻悄然传递于母子之间并滋养着双方。

根据世界卫生组织和联合国儿童基金会的倡议，母乳喂养最好持续到孩子两岁时。如果很难做到，请至少坚持6个月，这也是哈洛提出的早期母爱形成的关键期。

其次，增加"爱的拥抱"。

在孩子年幼时，再多的拥抱也不嫌多，哪怕是男孩子也是如此。当孩子出现情绪波动时，来自家长的拥抱能告诉他们"我在这里，我跟你一起面对（或承担）"，被如此温柔对待的孩子在长大后将更有安全感。

有亲子教育专家提出，对于学龄前的孩子，家长每天至少要拥抱16次！下一次，在早上出门之前，请记得用拥抱的方式跟孩子道别；在下班回家后，请用拥抱彼此问候；在陪孩子学习、玩耍时，请远离手机，随时用拥抱表示支持或鼓励。

最后，做孩子的"心理治疗师"。

值得注意的是，在哈洛的恒河猴实验中，他还发现了一些可以被称为"心理治疗师"的母猴。这些母猴虽然也在孤立的笼子里生活，但它们每天有机会和其他猴子进行互动，因此，从某种意义上来说，它们是正常成长的猴子。

当这些猴子长到三个月大的时候，哈洛让它们去接触那些在孤独绝望的环境中长大的有心理疾病的猴子。结果他意外地发现，这些具有"心理治疗师"天赋的猴子会执着地去跟那些"病猴"接触，并给予它们各种心理上的支持和关怀。经过几个月的不离不弃，那些"病猴"居然能够慢慢地从创伤的阴影中走出来，恢复正常的社交功能。

母爱的本质其实就是对孩子的心理关怀。生活上的照料可以假手于人，而家长在给予心灵上的关照方面责无旁贷。跟孩子相处时，请记得扮演好"心理治疗师"的角色，关注孩子的情绪和想法，帮助孩子解决或舒缓成长过程中心理上的困惑、忧虑、烦躁、痛苦和失落。

哈洛的遗憾和我们的理想

最后插几句题外话。

哈洛的实验采用了近乎"残忍"的做法——让那些刚出世的猴子处于一种孤独、压抑和绝望的环境中，以我们现在对动物实验的人道主义要求来看，这种做法有些过分，该实验在现在肯定无法获得心理学实验伦理委员会的批准。但他的主要工作是在 20 世纪四五十年代完成的，论文也发表于 20 世纪 50 年代初期，不过即便在当时，他的实验也引起了很大争议。但哈洛做这些实验的目的是证明母爱是人类健康发展必需的条件，因此，他的动机是善意的，实验的立意是高尚的。

令人遗憾的是，后来根据哈洛的助手的回忆，哈洛的实验是在他已经知道他的妻子被诊断为癌症晚期，自己也正陷于抑郁症的痛苦之中，甚至一度住进了精神病院的情况下进行的。对此我经常想，哈洛其实有点儿像心理学界的凡·高，画家留给世界的是美丽的图画，心理学家留给世界的是精妙绝伦的实验，科学家的研究和实验也就是他们自我表达和创作作品的过程。我们现在无从得知当时哈洛个人的心理痛苦和他所研究的课题之间是否有关系，但他的人生经历已经证明，人类其实非常需要心理关怀和情感支持，这也许是所有的爱最本质的要素。

有时候我也在想，我们这些执着地追求和践行积极心理学的人，是不是也有点儿像那些具有"心理治疗师"天赋的猴子？我们自己虽然也有很多需要面对和解决的人生问题，却依然自发地、本能地去帮助那些更需要帮助的人。那些需要帮助的人在积极心理学的影响下，也许真的可以走出心理阴影，成为积极、快乐、幸福的人。这也正是我们充满热忱和希望的原因所在。

别用表扬"绑架"孩子

从前有个小女孩，她很小就在智商测试中拿到了很高的分数，因此在学校受到老师优待，在家里也因为成绩出色而经常被家长夸赞"真是个聪明的孩子"。她享受着这些赞美，一直努力学习以不辜负大家的期待，就这样从小学一直到大学。虽然成绩优异，但她依然觉得不快乐，因为她在学业上总会遇到看似无法解决的难题，这让她经常有种挫败感。而在专业领域内，一旦看到比自己厉害很多的人，她就会感到沮丧，觉得难以超越他们。

为了搞清楚这究竟是怎么回事，这个小女孩后来成为斯坦福大学的发展心理学教授。她通过一系列实验终于解开了心中的谜团，而她的突破性研究也让她获得了旨在以教育提升人类福祉的"一丹教育研究奖"，以及美国心理学会的终身成就奖。

这个小女孩名叫卡罗尔·德韦克（Carol Dweck）。如果你也跟她一样，觉得把成功建立在"超越别人"的基础上容易使自己在困难面前感到绝望，或者你希望自己的孩子能享受学习的过程，以积极的心态看待失败，那么请跟我一起走进德韦克的故事。

"聪明"反被"聪明"误

20年前，卡罗尔·德韦克还在美国纽约的哥伦比亚大学心理学系当教授，她和她的团队针对表扬对孩子的影响，对纽约20所学校的400个五年级学生做了研究，其结果令学术界震惊。

在实验中，他们让孩子们独立完成一系列智力拼图任务。首先，研究人员每次只从教室里叫出一个孩子进行第一轮智商测试。测试题目是非常简单的智力拼图，几乎所有孩子都能相当出色地完成任务。每个孩子完成测试后，研究人员会把分数告诉他（她），并附上一句表扬的话。

研究人员随机地把孩子们分成两组，一组孩子得到的是一句对智商的夸奖，比如："你在拼图方面很有天分，你很聪明。"另外一组孩子得到的是一句对努力的夸奖，比如："你刚才一定非常努力，所以你表现得很出色。"为什么只给一句夸奖的话呢？对此，德韦克解释说："我们想看看孩子对表扬有多敏感。我当时有一种直觉：一句表扬的话足以让我们看到效果。"

随后，孩子们参加第二轮拼图测试，有两种不同难度的测试可选，他们可以自由选择参加哪一种。一种较难，但他们能在测试过程中学到新知识，另一种是和上一轮类似的简单测试。结果发现，那些在第一轮中被表扬努力的孩子有90%选择了难度较大的任务，而那些被表扬聪明的孩子中的大部分人选择了简单的任务。

为什么会这样呢？德韦克在研究报告中写道："当我们夸孩子聪明时，这等于告诉他们，为了保持聪明，不要冒可能犯错的风险。"这也就是实验中"聪明"的孩子的所作所为：为了保持看起来聪明，他们避开了出丑的风险。

接下来又进行了第三轮测试。这一次，所有孩子参加同一种测试，没有选择。这次测试很难，是初一水平的考题。可想而知，孩子们都失败了。然而，先前得到不同夸奖的孩子们对失败产生了差异巨大的反应。那些先前被表扬努力的孩子认为他们失败是因为不够努力。德韦克回忆说："这些孩子在测试中非常投入，并努力用各种方法来解决难题，好几个孩子都告诉我：'这是我最喜欢的测验。'"而那些被表扬聪明的孩子则认为他们失败是因为不够聪明，他们在测试中一直很紧张，抓耳挠腮，做不出题就觉得沮丧。

接下来，他们给孩子们做了第四轮测试，这次的题目和第一轮一样简单。那些被表扬努力的孩子在这次测试中的分数比第一次提高了30%左右，而那些被表扬聪明的孩子这次的得分和第一次相比却退步了大约20%。

虽然德韦克一直怀疑，表扬对孩子不一定有正面作用，但这个实验的结果还是大大出乎她的意料。她解释说:"表扬孩子努力用功,会给孩子一种可掌控的感觉,孩子会认为,成功与否掌握在自己手中。反之,夸奖孩子聪明,就等于告诉他们成功不在自己的掌握之中。这样,他们在面对失败时往往会束手无策。"

在之后对孩子们的追踪访谈中,德韦克发现,那些认为天赋是成功的关键的孩子会不自觉地看轻努力的重要性。这些孩子会这样推理:"我很聪明,所以我不用那么用功。"他们甚至认为,努力很愚蠢,这样等于向大家承认自己不够聪明。

德韦克重复了很多次同样的实验。她发现,无论孩子有怎样的家庭背景,他们都受不了在被夸聪明后遇到挫折而产生的失败感。男孩女孩都一样,尤其是成绩好的女孩,她们受到的打击程度最大。甚至学龄前儿童也一样,夸他们"聪明"会害了他们。

思维模式决定命运

这项研究的灵感来自德韦克小学时的经历。在 20 世纪 50 年代,她的遭遇可能很多中国学生也经历过——班主任按照学生们的智商给他们排座位(中国人通常按照成绩排座位),德韦克当时是智商测试中成绩最好的小孩,她被安排坐到最聪明的小孩才能坐的第一排座位。但她在长大成为心理学家后才意识到,看似受益者的她其实也是受害者,被称赞聪明、保持聪明的压力让她惧怕失败，逃避挑战。

为什么有些人喜欢接受挑战，在面对困难时会表现出绝对的坚定和坚韧，而另一些具有同样天赋的人却喜欢避开挑战，在遇到挫折时容易崩溃？童年经历触发了德韦克对于这个课题的研究兴趣，她从毕业起就开始研究为什么有些人成功，有些人失败，并最终揭开了成功的秘密——思维模式的不同。

德韦克发现，那些成年后发展得很好的人往往拥有成长型的思维模式，他们相信通过努力、良好的策略、其他人的反馈和帮助，自己的能力可以被提高。而另一些人倾向于固定型思维，他们在心里对自己说："我的能力是天生的，在童年时代我的能力就已经固定了，我对于改变无能为力。"

当一个人处于固定型思维模式时，他会想方设法确保其他人只看到自己最好的一面，一旦面临失败，他就会感受到威胁。而当一个人拥有成长型思维模式时，他就不会害怕去尝试有挑战的事情，甚至犯错。

固定型思维者总是担心别人对自己的评价，因而会专注于证明自己的能力、魅力等，尽量避免暴露不足，而成长型思维者会关注如何在做事的过程中得到提高，注重自己学到了什么。

固定型思维者要的是确保成功，他们不愿意尝试，因为"没有尝试就不会有失败"，而成长型思维者往往愿意挑战新事物，学习新东西，他们觉得"这很难，但还挺有意思"。

固定型思维者害怕失败，而成长型思维者能更好地接受挫折和失败，将失败看成一种学习的机会，坚信成功是一个学习的过程。

思维模式的差异也可以解释毕业几十年后同学重聚时，为什么有些在学生时代引人注目的同学过着平淡无奇的生活，而大家之前觉得普普通通的有些同学反而取得了很大成就。

表扬孩子的正确方式

那么，究竟怎样才能培养成长型思维呢？家长的教育方法至关重要。

首先，多鼓励，少表扬；多描述，少评价。

前文谈到，孩子很容易被表扬"绑架"。家长如果专注于表扬孩子聪明，则会激发孩子形成固定型思维。因为孩子会认为聪明非常重要，它是家长爱自己或尊重自己的原因，所以他们会想在任何时候都表现得很聪明。一旦孩子遇到用聪明才智解决不了的问题，他们就会担心自己失败而显得很愚蠢，因此惧怕挑战，选择较为"安全"、保守的道路。

正确的做法是，比起"聪明""美丽"（与生俱来，无法改变），家长要多表扬孩子"努力""用心"（后天可以改变），让他们知道，有天赋虽然好，但后天的努力更有助于解决问题，发展自己的技能和天赋。父母需要通过言传身教向孩子传递这样的价值观：成功关乎个人成长，孩子应该利用自己的才华为社会做贡献，而不是专注于证明自己比别人更聪明；父母应该鼓励孩子变身"努力家"，这样他们才更有可能成为人生赢家。

其次，乐观面对失败。

父母如何处理孩子的失败，也会影响孩子的思维模式。父母如果认为失败没什么，并引导孩子去思考失败的原因，总结教训，寻找改进方法，那么就能激发孩子的成长型思维模式。

受传统教育的影响，一些家长喜欢用考试成绩作为标准来衡量孩子的学习成长。孩子的成绩好，家长就奖励、表扬孩子；孩子考砸了，家长就批评、责罚孩子。这样会让孩子承受巨大压力，把努力学习当作取悦家长的方式，而体会不到学习本身的乐趣。有成长型思维的家长则会以开放的心态看待孩子偶然的失败，把自己作为孩子在需要帮助时可以依赖的资源，而不是时刻拿着成绩这个单一标尺去衡量孩子。

最后，在孩子面前适当"示弱"。

对年幼的孩子来说，家长的权威和力量感远胜于自己。家长如果习惯以居高临下的语气和方式对待孩子，经常拿自己孩子的缺点跟别人家孩子的优点比，就容易让孩子失去自信，觉得自己无论如何也比不过别人，无法让父母满意。

要想让孩子燃起主动学习的热情，家长不妨适当在孩子面前"示弱"。比如，跟孩子一起做练习，然后故意在孩子常出错的地方做错一两道题，然后让孩子扮演老师，给自己批改卷子。当孩子看到家长也会犯错，自己还可以帮家长改正错误时，他们通常会很开心。这让他们明白，再学识渊博、再强大的人也会出错，坦然接受、及时改正错误才是最重要的。

自控力不一定代表成就

2018年9月12日，从美国传来一则令人难过的消息：著名心理学家沃尔特·米歇尔（Walter Mischel）在纽约去世，享年88岁。

米歇尔教授于1930年2月20日出生于奥地利维也纳，8岁时逃离纳粹的大屠杀威胁前往美国，1956年在美国俄亥俄州立大学获得博士学位，一开始在科罗拉多大学任教，后来分别任教于哈佛大学、斯坦福大学，从1983年起任教于哥伦比亚大学。米歇尔教授于1991年当选为美国艺术与科学院院士，2004年当选为美国科学院院士，2007年当选为美国心理科学协会主席，并获得美国心理学会的杰出科学贡献奖。

很多中国读者认识米歇尔教授，是因为他著名的棉花糖实验。

自控力并非衡量孩子未来成就的唯一标尺

1966年至20世纪70年代早期，美国斯坦福大学心理学系开设的必应幼儿园里，600多个4~6岁的儿童接受了心理学家米歇尔教授的测试。

他邀请这些孩子来到儿童心理学实验室，让他们做一个选择：桌上有一个奖品，它可能是棉花糖、奥利奥饼干或椒盐脆饼，他们可以选择立即吃，也可以选择等一会儿再吃，他们如果选择等一会儿再吃，就会得到双倍的奖励。

研究发现，不同的孩子表现了不同的自控水平，有些孩子延迟吃东西的时间很长，有些孩子的延迟时间则很短，平均的延迟时间大概是15~20分钟。

大约20年之后，米歇尔教授对当时参加测试的部分孩子进行了追踪研究，他意外地发现，孩子们约20年前延迟吃东西的时间与他们20年后的学业成就有很大的相关性。1988年，他第一次的跟踪研究表明，延迟时间越长的学龄前儿童多年后被父母描述得更有能力。1990年的第二次跟踪研究表明，这些孩子的延迟满足自己的能力和他们的SAT（学术能力评估测试）成绩有较大的相关性，延迟时间长的孩子未来的SAT数学成绩尤为突出。

更让人意外的是，2011年，米歇尔教授在对原来参与实验的部分被试进行脑部核磁扫描后发现，在延迟时间较长和较短的人之间存在两个大脑区域的关键差异，延迟时间较长的人的前额叶皮质比较活跃，而延迟时间较短的人的腹侧纹状体更活跃。

米歇尔教授的这项研究迅速吸引了公众的关注，使得很多人以为孩子的自控力决定了其未来的成就。当然，这样的简单化结论并不是米歇尔教授得出的真实结论，他自己也已声明二者之间是一种相关关系，但很难确定它是一种因果关系。在其著作《棉花糖实验》中，米歇尔教授特别提出，年龄是特别重要的影响因素：一般来讲，五岁以上的孩子更容易做到延迟满足，因为五岁以下的孩子的前额叶皮质还没有发育完善，不太可能具备延迟满足的能力。

在最近几年有关延迟满足实验的批判中，很多人不太同意米歇尔教授提出来的自控力影响孩子未来成就的基本观点，因为家庭环境是否稳定、有安全感，以及社会经济地位等对孩子未来成就的作用也是不可忽视的重要因素。此外，奖励的呈现方式也会影响孩子的延迟时间——如果把奖品（两颗糖）放到孩子们能够看见的地方，一般来讲，大家都会选择延迟。

我曾经有幸多次和米歇尔教授交流，他的两个学生后来成为我当初就职的加州大学伯克利分校心理系的同事，他后期的有些研究就是在伯克利心理学系的实验室完成的。与这样伟大的学者共事和交流是我的心理学学术生涯中特别美好的记忆之一。

其实，米歇尔教授的伟大贡献远远不止众所周知的延迟满足实验，他更应该被看作人格心理学领域最伟大的心理学家之一。他认为人格是一种跨情境的稳定表现，他相信环境对我们的影响超越了性格对我们的影响，虽然此观点同样引发了学界争议，但这些争议不妨碍米歇尔教授成为心理学界的传奇人物。在美国心理学会 2000 年的一项"活着的最有影响力的心理学家"调查中，米歇尔教授是公认的最优秀的人格心理学家之一。

如何培养孩子的自控力？

一个人的发展充满无限的可能性，对他的未来成就是很难只根据他在儿童时期的某个心理测验成绩就能加以预测的。米歇尔教授的贡献让我们意识到意志力可能对人的未来成就产生重要影响，这是之前一直被世人忽视的。

在某种程度上，延迟满足实验所揭示的自控力与未来学业和社会成就之间的关系，与中国传统文化中的"戒生定，定生慧"也有着奇妙的佐证关系，可以说，二者有着异曲同工之妙。《大学》有言："大学之道，在明明德，在亲民，在止于至善。"如何去做呢？"知止而后有定，定而后能静，静而后能安，安而后能虑，虑而后能得。"这句话其实讲的就是这样的自律之心。

那么，如何培养和增强孩子的自控力呢？

第一，立志。

"心学"宗师王阳明曾感叹道："志不立，天下无可成之事。"意即没有大志的人成就不了伟大的事业。有志向的人，格局不一样，追求不一样，一辈子的成就也会不一样。所以，培养自控力的一个重要方法是让孩子立大志。

第二，及时休整，为身心蓄能。

根据著名心理学家罗伊·鲍迈斯特（Roy Baumeister）的自我控制资源理论，自我控制资源是一种非常有意义的心理力量，但也是一种会被消耗的心理力量。人正是依赖于这样的自我控制资源来进行对认知、情绪和行为的控制与调节的。

基于自我控制资源的有限性这一前提，鲍迈斯特提出，过度的自我控制会引起自我力量的损耗。当一个人连续进行需要消耗自我控制资源的任务时，前期的自我控制行为会对后期的自我控制行为产生负面影响，这使得个体的自我控制资源减少。比如，我们在踢完一场足球赛后很难再做其他繁重的体力劳动。当我们的认知资源消耗到一定程度，比如需要进行大量的学习、计算、决策、忍耐等行为时，我们后续完成同类事情的能力也会下降不少。

因此，当我们感觉精力不济、体力不支时，这其实是大脑和身体给我们发出的"超负荷"警报。此时强打精神硬撑着去学习不但有损健康，学习效果也会大打折扣。

保护自控力的最简单的方式就是及时休息，补充身体和心理能量。尤其对孩子来说，避免过度劳累、保证充足的睡眠非常重要。有条件的话，中午小睡一会儿，我们在能量充沛时更容易控制情绪，并乐于接受挑战。

第三，积极参加体育锻炼。

既然自我控制资源跟我们的肌肉力量一样会被消耗，那么我们显然也有办法增加这种资源。就像如果要锻炼肌肉的力量，就要不断刺激它们，让它们变得越来越强大。

米歇尔教授认为，人的意志力系统有两种，其中，冷系统主导延迟满足的自我控制能力，热系统主导及时满足的情绪，二者之间相互抑制。

激发并强化冷系统的一种有效方式就是体育锻炼。体育锻炼练的不光是身体，也包括我们的意志力。大家都知道，湖南的冬天很冷，毛泽东主席坚持洗冷水澡，这需要强大的自我控制能力才能够完成，所以毛主席说，"欲文明其精神，先自野蛮其体魄"。我们在挑战生理极限的时候，也在挑战心理极限，对身心的不断刺激就可能使我们逐渐适应。而适应之后，我们的自我控制能力自然而然就会得到提升。

对于孩子来说，虽然不建议用洗冷水澡的方式"野蛮其体魄"，不过在学习之余去户外跑步、踢球、跳绳等必不可少。以提升自控力为目的的体育锻炼，还要注重锻炼强度与持续性，不能是简单放松一下或者三分钟热度。可以鼓励孩子加入学校的运动社团，参加社区比赛等，孩子在进行这种有挑战和竞争的锻炼时，目标更明确，这有利于培养坚忍不拔的精神。

第四，挑战自己，做不擅长的事。

通过持之以恒地做自己觉得不顺手、不情愿做或者不甘心做的事情，也可以锻炼意志力。这就是很多身居高位的人还要学外语的原因。要说他们有那么好的翻译人员，为什么还要自己去学外语？他们是为了给自己找件事做，挑战自我，他们真正的目的是修炼自己的自控力。

家长在这方面要注意循序渐进。很多家长对孩子要求很严格，把挑战目标定得高高的，认为这样才能激发孩子的潜力。其实，环境的压力、过多的负面评价反而会让人的自控力在焦虑、恐惧等负面情绪的影响下降低。而爱、鼓励、支持、关怀等精神上及物质上的奖励，能有效抵消自我控制资源的消耗，让一个一开始厌倦做某件事情的孩子愿意继续坚持。

第五，远离诱惑，弱化情绪反应。

除了激发意志力的冷系统，还有一种增强自控力的办法是抑制热系统的启动。比如在棉花糖实验中，通过将棉花糖放在盒子里，或者用棉花糖的图片来代替棉花糖实物，又或者只是简单地将棉花糖从桌上挪到桌子下面，就能够弱化孩子的情绪反应，增强他们的自控力。

著名剧作家奥斯卡·王尔德曾经开玩笑说，"我能够抵御任何诱惑，除了诱惑本身"。在生活中，要抑制热系统的启动，就要远离诱惑（或者转移注意力），远离让我们分心、分神、受干扰的事情。比如，给孩子创造舒适、安静的学习环境，远离电视、手机；孩子在家时，大人尽量不看电视，也不玩手机。少见、不见，不念，不想，就能提高专注力。

与此同时，培养孩子积极向上的心态。积极的心态不但会让人更有意志力，也会让人更有智慧、更有道德。

感受知识之乐

1979年8月，我作为北京大学的一名新生，参加了在北大学生大食堂举办的1979级迎新大会。大会发言的领导代表、学生代表讲了什么，我都不记得了，但我到现在还记得我们的教授代表、著名地理学家侯仁之先生的发言。他的第一句话就粉碎了我在中小学期间形成的对历史知识的看法。

他当时是这样说的：

> 1271年农历八月的一个早晨，在你们同学就座的地方，八匹蒙古的高头大马，风驰电掣地向海淀镇冲去……

它有声、有色、有情、有画；它似真非真，似景非景，似小说不是小说，似电影又不是电影。总之，它不像我们教科书中呈现的历史！

知识是一种体验

多年来，我们把教科书上的内容当作知识。因此，我们通常认为历史知识无非就是书上对年代、人物、事件的来源、过程、成果与教训的描述，求知的过程理所当然就是阅读和记忆。诚然，读与记很重要，但这不是任务的终结，真正的求知还需要心理的参与：思考、想象、描述、沟通、交流、感知、体会。

"学而不思则罔，思而不学则殆。"思考的过程无异于将知识打上自己的烙印，用心理学的话来说，就是将概念依照自己的思路纳入自己的概念系统。没有用心体验的知识，是别人的知识，而用心体验的知识才是自己的，也才能称得上真正的知识。这就是我们心理学家的知识观，强调知行合———知可以指导行，行可以产生知。无论是行先于知、由行致知，还是行成于思、因知而行，反映的都是知识的行动本质。

现代心理学家发现，知识的储存方式不是，或者更加严谨地说，不完全是以抽象概念的形式存在于我们的大脑皮层中的，它存储于人类的身心体验中。

从进化的观点来看，人类最早对世界和自己的认识必定是以在某个环境中具体的身体活动为基础的。我们知道什么是寒冷，肯定是因为我们的身体感受过；我们知道什么是高大，肯定是因为我们仰望过。因此，加州大学圣迭戈分校的心理学教授劳伦斯·巴塞卢（Lawrence W. Barsalou）提出，个体的运动系统、感觉系统及个体和环境互动的经验等因素，在个体无意识的情况下会影响个体的高级思维及行为。

神经科学对人的大脑进行研究并发现，人有丰富的感知觉神经，但是神经元集合之间的"连接"却很少。比如，我们大约有一亿个视神经，但只有一百万个"连接"连接视网膜和大脑。这就意味着不同物体对我们产生的不同神经激活信息必须分享同一个神经"连接"，即我们始终在对物体和概念进行归类，而我们的感知觉经验（看到什么、摸到什么）决定了我们意识层面的归类选择和归类结构。加州大学伯克利分校著名的认知科学家乔治·莱考夫（George Lakoff）认为，知识都是肉体的。也就是说，抽象知识依靠我们的身体及身体与外界的互动而形成。

比如，我们经常用一些具体概念来隐喻一些抽象概念。以时间为例，我们常说"逝者如斯夫"，实际上是在用我们对流水的感知觉体验去理解时间。我们还特别喜欢用战场来形容人生、商场，用战争形容考试、爱情，等等，这是因为人类的进化过程充满斗争。

大量的心理学实验发现，戴墨镜会让人更容易欺骗他人，穿黑衣会让球员更容易犯规，握着盛有热咖啡的杯子能让人变得更加热情，喷洒空气清新剂、放上软坐垫能让人变得更加宽容，喝苦茶、吃有机蔬菜会让人变得更加严苛，吃甜食会让人表现出更明显的亲社会性，对人点头会让对方更容易答应请求，对人摆手会让对方更有可能拒绝请求。这都证明：知识存在于行为中，表现在身体上，蕴藏在体验里。

让知识"动"起来！

书本是知识、经验的积累，也是身心体验的积累。身心体验是人类认识自己和世界最基本的方式，而对自己和世界的认识就是知识。因此，教育的实质不应该是背诵，不应该是识记。

但实际上，很多人在接受多年教育之后只记住了一堆概念、事件、公式、条例等，这很可惜。用死板、教条的方式背诵知识，学习就少了很多乐趣。

改变的关键，是让知识"动"起来，它包含两方面的内容。

首先，在体验中学习知识。好的教育能让人感受到知识的生动性，伟大的知识永远和身心体验联系在一起。比如，来清华园读《荷塘月色》，登岳阳楼看《岳阳楼记》。"纸上得来终觉浅，绝知此事要躬行。"这就是我们常说不仅要读万卷书，还要行万里路的原因。如果无法身临其境，也可以通过观看视频、画作等方式，增强孩子对知识的感受，提升学习的乐趣。

其次，把学习知识和环境记忆联系起来。学校教育不是居高临下的"我说你听"，而应该鼓励孩子向老师提问，积极发言讨论，让教室充满老师和学生们的欢声笑语。在快乐的场景中，孩子们的思维更开放、更活跃，通常能记住更多的东西。在这一过程中建立的师生情谊也会让孩子体验到，学习知识能让生活更快乐、更充实。

一旦孩子意识到，知识就是体验，知识就是生活，知识是一种态度、气质，求知过程就不会痛苦、无趣、机械、教条。"书卷多情似故人"，求知就是去体验生活，并且是幸福地体验生活。

"学而时习之，不亦说乎？"学习知识永远是一件快乐的事情！

想象力比知识更重要

在北大心理系就读的第三年,我上了一门智力测验课程,它由著名心理学家吴天敏教授主讲。

吴教授是原燕京大学心理系的毕业生,一直和原燕大校长陆志韦教授从事智力测验方面的研究和开发工作。吴教授的课基本上没有多少讲义和教材上的内容,他在大部分时间都鼓励我们思考莫名其妙的问题,最后的考试也不是传统的闭卷考试,而是要求我们每个人完成一篇研究报告。当时我觉得非常有意思,因为我生性就不愿意背标准答案,而是希望靠自己寻找问题的答案。

比如,当时我有一个很疯狂的想法,我想看一看人们常说的"聪明的人反应快"是不是有一些科学道理。不过那时的知识和研究水平有限,我能够想到的是看一看膝跳反射的速度是不是和人的智商有很大关系。于是我和同学王小京设计了一台测量膝跳反射速度的小设备,还花了不少时间自学了一些电工、机械、生物等学科的知识。最后,我们还真捣鼓出了这么一台小装置。我们将一把小电锤通上电极连着闹钟,在一块脚踏板上也连着闹钟,这样当小锤子敲到膝盖上的电极片时,闹钟就开始走表;当我们的脚踢到脚踏板上的电极片时,闹钟的运转就会中断。我认为记录从敲击膝盖到脚踢踏板的时间,就能够测算出膝跳反射的速度。

现在看来，这样一种装置非常粗糙，测量出来的结果不稳定，最后计算出来的膝跳反射速度和智商之间当然也一点儿关系都没有。因此，这可以说是一项失败的研究。但是出乎意料的是，吴天敏教授竟然给我这个失败的没有结果的实验报告打了最高分（A+），这让我特别激动。我不好意思地向吴教授检讨说，我们的测试工具非常粗糙，数据很不准确，最后也没发现什么有意义的结果，然而吴教授的回答是："想象力比知识更重要。"

后来我才知道，这句话是著名科学家爱因斯坦的名言。它说明科学家所需要的科学素养应该包括想象力和创造力，不满足于别人千篇一律的解释，对未知领域的答案充满兴趣，对未来充满憧憬和向往，这些本就是科学家的职责。讨论没有答案的问题，才可以让我们得出新的答案。

其实，不只是科学研究，所有发明创新都离不开想象力的参与。然而，很多人对想象力有种误解，认为它是人们与生俱来的一种能力，所以想象力不需要被教授，只需要被保护。

虽然孩子生来就有好奇心和创造潜力，但如果家长不善于引导，不给孩子的想象力添加助燃的材料，他们心中原来烧得正旺的火苗很可能就会越来越小。即便是成年人也可以通过训练自己的想象力，为工作增加更多创意。

关于想象力的小测试

什么是想象力？我们先来做一个游戏。

请你在脑海里想象自己来到北京的天安门广场，站在人民英雄纪念碑前，正对着纪念碑的正面，碑身上毛主席题写的"人民英雄永垂不朽"几个大字鲜明夺目，碑身花岗石材质的台面整洁光滑，碑墙上记载着中国历史上各种关键时刻的浮雕栩栩如生，高耸的碑身直冲云天，一尘不染的台阶令人肃然起敬。

如果你的脑海里浮现了我刚才描述的所有景象，那么祝贺你，你是有想象力的人。接下来，请把你的想象力提高到一个新的层次。

把人民英雄纪念碑在脑海里旋转90度，想象你来到纪念碑的另外一面，你看到了不同的浮雕，同样高耸的碑身，同样光滑的台阶。然后请你再把纪念碑旋转90度，到达它的另外一面，你看到的还是浮雕、台面和台阶。请接着继续转身，到达纪念碑的另外一面。如果你能够在脑海里完成这样一种不断的90度旋转，那么祝贺你，你已经完成了心理学所说的空间旋转的想象。

所以，什么是想象力呢？想象力是人类大脑的一种加工能力（大脑前额叶的产物），想象是指我们对头脑中已经存在的一些记忆的印象，进行新的加工、改造、重组而创造新的图像的思维活动。想象是对旧形象的改造，对新形象的创造，是形成意象、知觉和概念的基础，其两大特点是形象性和新颖性。

想象的好处有很多，它除了能激发创造力，还能让我们有一种预见能力。比如，很多小朋友在没有去游乐场之前，脑海里会出现到了游乐场后玩耍的欢乐画面。想象也可以补充知识经验的不足，当我们读到《岳阳楼记》里"至若春和景明，波澜不惊""岸芷汀兰，郁郁青青"的时候，我们即使没有去过岳阳楼，也能凭借想象力体会范仲淹所描述的江南美景。

如何培养想象力？

心理学家发现，有很多方法可以培养和锻炼我们的想象力。

第一，联想。由一个事物联想到另外一个事物，从而创造新的形象。

联想是最常见、最自然的一种想象活动。比如，看着桌上的水迹想象出一个美人的形象，这就是一种联想，看着天上的云彩想象出各种动物的形象也是一种联想。

孩子们善于也乐于联想，家长一定要在日常生活中鼓励并积极引导他们。比如，当孩子表现出对水果的兴趣时，家长可以问他："你觉得水果和蔬菜有什么共同点呢？"如果孩子回答："它们都是吃的东西。"家长可以继续问："说得很对，你好棒啊！不过，它们还有其他的共同点吗？"孩子在受到表扬后一般都会开动脑筋继续想，比如"都要洗干净了才能吃"，"都可以拿来喂小动物"……很多回答可能连家长都想不到。

第二，夸张。通过在大脑里改变对某个事物固有形象的认知，突出或削弱客观事物的某些特点，从而在脑海中形成一些新的形象。

在生活中，人们创造了"千手佛"，就是把佛手想象成有很多只；童话故事里出现的大人国或矮人国，就是把人的身高做了夸张和强调的处理；我们会把刺骨的寒风想象成刮在脸上的刀子。这些都是夸大事物的某些特性从而形成新形象。

每个孩子都喜欢听故事，家长不妨利用亲子阅读时间，鼓励孩子复述他们听到的内容，并在其中加入新的剧情或角色，或者干脆把自己代入故事，跟书中的人物一起展开冒险。相信我，没有孩子会拒绝这样的诱惑，当他们绞尽脑汁开始构思属于自己的故事时，想象力的大门就渐渐开启了。

第三，简单的联合。把在现实生活中从来没有结合在一起的属性、特性、形象、部分在我们大脑中结合在一起，以形成一些新的形象。

人类正是通过这种综合性的结合想象，创造了很多童话、神话中的人物，比如，美人鱼就是把鱼的下半身和美人的上半身结合在一起，猪八戒就是把猪头和人身结合在一起。

你现在就可以环顾四周，用你的大脑把任何独立的事物通过想象结合在一起，这样会产生很多有趣的想法，形成很多有趣的新形象。比如，我此时此刻在电脑前写作，我会想象鼠标长在椅子上会是什么样子，窗户在脚底下会是什么样子，台灯的灯泡镶嵌在天花板上又是什么样子，等等。这种训练很有趣，随时随地都可以进行。

抽时间跟孩子一起做这样的练习，天马行空地把目光所及的各种事物强行"拼接"在一起，当他们被这样的小游戏逗得乐不可支时，这就意味着在他们心里已经埋下了一颗突破常规的创造力种子。

第四，典型化。这是根据一类事物的共同特征创作一个新形象的过程。

典型化是文学艺术创作最重要的方式，例如装饰图画中的花瓣、树叶等形象就是把来自各种植物的共同特征概括在一起而形成的。想象一个家庭的构成，它的典型特性就是两个大人和一个小孩，在此基础上为每个人编织不同的故事，就是文学创作所说的"艺术源于生活，又高于生活"。

需要注意，典型化也是很多概念的基础，它受传统文化或人们日常习惯的影响。比如，"体育"的典型形象一定是球类活动，特别是足球或篮球，而不是围棋、体操，围棋和体操虽然也是非常重要的体育活动，但不属于对"体育"的典型概括。

训练孩子典型化思维的好方法，一是写作文，二是讲故事。两者的共同点都在于鼓励孩子观察、提炼常见事物的典型细节，既留意事物的共同点，也注意它们的差别。当他们能够自行写出一篇流畅的作文，或讲出一个能自圆其说的故事时，其逻辑思维和抽象思维能力就得到了很好的训练。

看到这里，估计很多读者已经意识到，想象的一个很重要的基础，是过去生活留下的印象和形象。比如，人们能够想象自己在天上飞，是因为他们看到过鸟在天上飞；孩子能够想象动物们可以开口说话，是因为他们自己正是通过语言跟大人交谈的。

我们也可以比较一下30年前的科幻电影和现在的科幻电影，同样是描写数百年之后的未来世界，哪个时代的描写更像一些？显然是现在的，因为科技发展而在当下业已实现的很多东西，本身就是30年前科幻电影中展现的未来的一部分。同样，中国古代的武侠小说中有很多武器，但是暗器却几乎没有出现过，而现在的武侠书里基本上都会提到暗器。为什么古人想象不到暗器？因为暗器是近代小说家受到手枪的启示而想象出来的。

所以，没有一定的生活经历和体验，要培养想象力就非常困难，毕竟巧妇难为无米之炊。拓宽知识面的同时开拓眼界，丰富的积累才会为想象插上翅膀。

用耐心呵护孩子的好奇心

对于知识、体验的积累来说，好奇心是一个很重要的驱动因素。一个人如果对周围环境和新鲜事物没有强烈的兴趣和好奇，就不会主动探索，学习的广度和深度就会打折扣。

纵观历史，无论是在科学上还是艺术上能够取得进步的人，往往都并不满足于他们在某个领域或某一阶段已取得的知识，相反，是对知识的好奇引导他们不断走向新的和未知的方向。

说到好奇心，很多人会联想到"好奇心害死猫"这句众所周知的谚语。可事实真的是这样的吗？好奇心真的会使我们受到伤害吗？

其实，"好奇心害死猫"是1920年美国著名剧作家尤金·奥尼尔的剧中台词。再往前追溯的话，在尤金·奥尼尔之前还有另外一位美国短篇小说家欧·亨利，他在自己的小说中写了这样一句幽默的话："Curiosity can do more things than kill a cat."（好奇心能做到的事远远不止害死猫。）正是这句话被后来的剧作家奥尼尔简化为"Curiosity killed the cat"（好奇心害死猫）。而在更早的莎士比亚时代流传甚广的一句谚语其实是这样的："Care kills a cat."care是悲伤、痛苦的意思。

由此可以看出，传播中的信息偏差导致"好奇心"在百年前背上了"害死猫"的黑锅。而在此之前，"好奇心"一直作为一种积极品质被人们广泛称赞。与好奇心相比，人们更不能忍受的是痛苦和悲伤，所以正确的说法应该是"悲伤害死猫"，而不是"好奇心害死猫"。

英语单词"curiosity"源于拉丁语的"curiosus"，意思是"好奇"和"小心"。可见这个概念既包含外在的探索，也包含内在的自我保护。早期的哲学家将好奇心解释为一种驱动力，认为它是对未知信息的探索欲望，是对知识的热情和渴望，当然这种渴望也许是痛苦的。

丹尼尔·伯莱茵（Daniel E. Berlyne）是心理学好奇心研

究领域的一位开创性人物，他将好奇心描述为一种由复杂刺激带来的唤醒状态导致的探索行为。婴儿从一出生就开始了探索世界的行为，这便是其好奇心的作用。在19世纪和20世纪之交，美国哲学家和教育家约翰·杜威（John Dewey）认为，好奇心是思考的自然资源，孩子天生的好奇心是他们学习、经历的基础。

先天的大脑机制让我们具备了基本的好奇心，但是人类的好奇心在个体之间差异很大，这主要取决于后天环境的影响。

要知道，孩子从出生到成年有相当长的一段时间依靠成年人生活。在这么长的时间里，他们会不断观察、提问、学习，与周围的信息互动，以此观察周围的人，尤其是父母的反应。有科学家曾经估算，一个孩子在两岁到五岁的这段时间里大概会提出4万个"为什么"的问题，如此庞大的数字需要家长付出极大的耐心，一旦解释不当，就很可能扼杀孩子的好奇心。

已经有明确的证据证明，教师对学生的启发式教育能够提高学生的好奇心，从而提高他们的学习成绩；相反，传统的填鸭式教育在这方面则收效甚微。当然，具体的科学量化标准还需要进一步的研究证实，但是我们应该鼓励教育改革，理想的教学方法应该将学习环境与学生的内心世界联系起来，促进学生对知识的追求，鼓励学生成为积极的、有好奇心和创造力的思想家。

这样激励，孩子才会主动

朋友最近很苦恼，说儿子刚上初中，突然好像对什么都提不起兴趣。他以前在放学后喜欢邀请同学到家里一起做作业，也积极参加学校组织的社团活动，性格阳光开朗，现在却老喜欢闷在家里，小伙伴招呼他一起出去踢球，他也不太愿意。

这位朋友担心孩子在学校里受到了什么打击，或是跟小伙伴相处不愉快，所以产生了厌学情绪。在我看来，不排除这样的可能性，不过最大的问题很可能不是"孩子变了"，而是升入初中后，学习难度和环境变了，孩子在用自己的方式努力适应。

他人在场，促进了表演，损害了学习

1898年，社会心理学家特里普利特（N. Tripllet）在观看自行车比赛后发现，运动员在与其他选手比赛时的速度比在单独骑车时提高了30%。

为了进一步验证这个现象，特里普利特在他当时就职的印第安纳大学的心理实验室做了美国历史上第一个社会心理学实验。他设计了一个鱼线筒，让孩子在独自一人或他人在场的两种情形下，分别进行绕线任务。实验结果表明，大多数孩子在他人在场的情况下，效率更高。特里普利特将这种效应称为"共做效应"。

受到特里普利特的启发，1916年到1919年期间，著名社会心理学家戈登·奥尔波特（Gordon W. Allport）在哈佛大学实验室做了一系列有关社会促进的实验。与特里普利特不同，奥尔波特排除了竞争因素，只观察他人在场对人的工作效率的影响，进而发现，即使没有竞争关系，只要有他人在场，人的工作效率就会有所提升。最终，这种现象被命名为"社会促进效应"。

奥尔波特关于社会促进的一系列实验开启了实验社会心理学的时代，他本人也被认为是"实验社会心理学之父"。之后的研究者在动物（蚂蚁、蟑螂、老鼠、鹦鹉等）身上也发现了类似的社会促进效应。

另一些研究却给出了不同的答案。法国工程师马克西米利安·林格尔曼（Maximilien Ringelmann）在1913年做了一个拔河比赛的实验，他要求被试分别在独自一人与身处群体的情境下拔河，同时用仪器测量他们的拉力。结果发现，随着被试人数的增加，每个被试平均使出的力反而减少了——一个人拉绳时，平均拉力是63千克；三个人拉绳时，每人的平均拉力是53.5千克；八个人拉绳时，每人是31千克。这种在多人共同完成一项任务时，群体人数越多个人出力越少的现象，叫作"社会惰化效应"。这一效应后来在其他人的实验中也得到证实，因此也被称为林格尔曼效应。

林格尔曼效应在日常生活中也很普遍。根据有关统计，在20世纪30年代到70年代中期的苏联，私有土地占总农业用地的 1%，但其产量却是农业用地总产量的 27%；在匈牙利，农民曾在 13% 的自有耕地上生产了全国三分之一的农产品；在中国，自 1978 年起实施家庭联产承包责任制，农作物的总产量每年递增 8%，这一速度是在那之前 26 年里平均增幅的两倍半。"一个和尚挑水喝，两个和尚抬水喝，三个和尚没水喝"，正是这种社会心理现象的具体体现。

由于对同一相似现象的研究出现了不一致的结果，在随后几十年里也并没有出现令人信服的结论，人们对社会促进的兴趣在第二次世界大战后突然消失。直到 1965 年，我在密歇根大学的研究生导师之一罗伯特·扎荣茨写了一篇开创性的文章，社会促进再次得到了研究者的关注。

扎荣茨教授认为，他人在场或合作者的存在能提高个体驱力水平，唤醒、增强优势反应的显现，抑制从属反应的显现。也就是说，当一项任务很简单或被个体很好地学习时，为了正确完成任务，优势反应会被更多地表现出来。如果任务很复杂或者没有被很好地学习，优势反应就会使个体表现不佳。

相关实验结果显示：若有他人在场，被试学习简易单词的效果比独自学习的效果更好，而在学习有难度的单词时，独自学习的效果比集体学习的效果更好。这证明有人在场会提升熟练工作的成绩，而干扰非熟练工作的成绩。这种现象被扎荣茨描述为："他人在场促进了表演，损害了学习。"

在现实生活中，我们也会发现同样的现象：对于一个打台球的新手来说,看他打球的人越多,他打得越差,而对于一个台球高手来说,看他打球的人越多,他就打得越好,俗称"人来疯";我们在考试的时候显然希望旁观的人越少越好,最好是自己一个人思考作答。

1972年,另一位心理学家尼古拉斯·科特雷尔(Nickolas Cottrell)发现,他人在场这一单一条件不足以提升驱力水平,也不一定会引发社会促进效应。只有当个体在意他人如何评价自己时,才会促使驱力水平上升,引发社会促进效应或导致任务绩效受损,即"评价恐惧理论"。

罗伯特·巴伦(Robert A. Baron)等研究者进一步提出,他人存在是一种干扰。当个体正进行一项工作时,他人在场会造成个体注意力的分散和转移,产生两种基本趋势之间的冲突:注意观众和注意任务,这种冲突能增强唤醒水平,至于它是会提高还是会降低绩效,则取决于该工作所要求的反应是否为优势反应——如果进行的是个体不熟悉或难度大的工作,他需要高度集中注意力才能完成,那么此时分散注意力就会干扰工作进度;如果进行的是个体熟悉或简单的工作,那么他已达到"自动化"程度,不需要集中全部的注意力,为了补偿干扰造成的影响,他会更加专心、更加努力,实际工作效果会更好。

新的研究甚至发现,即使在电脑屏幕上的虚拟人的陪伴下,我们在完成任务时也跟有真实人类在场一样,会受到社会促进效应的影响。

激励,需要因"时"、因地制宜

回到本节开头的问题。通常,孩子们在升入初中后,随着学习难度的提升,老师、学校也会在其他方面提出更高的要求。有的孩子基础好,学得快,适应力强,可能在各方面表现得还跟上小学时一样,跟同学们说说笑笑地就能把作业写完;有的孩子可能学得慢一些,要是再跟其他同学一起边玩边学,就会感到有些吃力。"评价恐惧"引发的社会惰化效应让他们更愿意独自学习,有时这种情绪也会延伸到学习之外的其他领域,表现为对集体生活有些排斥。

那么,如何利用社会促进效应激发孩子的主动性呢?或者说,如何避免阻抑作用,从而使孩子提高学习效率而不被其他人拖后腿呢?

首先,培养孩子积极乐观的心态。

马丁·塞利格曼教授和他的团队经过研究发现,对孩子来说,8岁时他们对世界的解释风格便已形成。决定孩子对世界感到乐观或悲观的影响因素主要有三点。

(1) 孩子每天从父母(尤其是母亲)身上学到的对各种事件的因果分析。

如果家长是乐观的,那么孩子也会是乐观的。所以,如果你是孩子的母亲,并且你习惯性地从悲观的角度看待世界,比如经常说"这种倒霉事总是发生在我身上","我真是笨死了",

"局面永远不会好转"，那么你就需要控制自己，尤其是不要时常在孩子面前流露这种消极情绪。

（2）孩子听到的批评方式。

如果孩子经常听到永久性的、普遍性的关于内在的批评，比如"你真的不够聪明"，"你就是不擅长做这个"，"你永远也学不会这个"，那么他对自己的看法就会转向悲观。

因此，下一次当你想要批评孩子时，请注意选择暂时的、特定的、可以改变的言辞，比如"我觉得你不够努力"，"如果你更认真一点儿，我想你能做得更好"，"你缺少练习，我敢肯定，如果你每天坚持练习半个小时，不出一个月，你就能在学校联欢会上表演！"，等等。

（3）孩子早期生活经验中的生离死别和巨大变故。

如果这些事件好转了，孩子就会比较乐观；如果这个变故是永久的（比如至亲去世）和普遍的，那么绝望的种子将深埋在孩子心中。

当最疼爱孩子的老人去世，或夫妻决定离婚时，很多家长出于保护孩子的目的，会善意地选择隐瞒实情。可是当孩子发现真相后，局面反而更难收拾，因为他们不但要承受变故本身带来的痛苦，还要独自消化被"欺骗"的愤怒。

如果无法阻止不幸的事件发生，我们至少可以试着跟孩子一起学会面对它们。不管生活中是否发生过糟糕的事情，我们在陪伴孩子欣赏春花的烂漫时，也要告诉他们生命的荣枯循环；

当孩子因为失去某个心爱的玩具而悲伤时，不要急着再买一个新的作为补偿，而是引导他们保存美好的回忆，珍惜当下拥有的东西。当遭到生活的重创时，你的坦诚、坚定、拥抱、鼓励会让孩子感受到温暖。

其次，根据任务的复杂性与个体的熟练程度，改变环境背景。

有他人在场时，既可能会出现社会促进效应，也可能会出现社会惰化效应。家长在认识到这种两面性之后可以告诉孩子，不妨在学校或自习室里完成作业和温习功课，因为跟其他同学一起易产生社会促进效应，它有助于提高效率并巩固所学知识；当孩子需要学习新知识、做有挑战性的习题时，最好让他们独自安静地在家里完成。

学习的乐趣不但存在于学习过程中，也体现为学习结果能给孩子建立信心。因此，家长要在孩子不同的学习阶段积极创造机会，让孩子在公开场合（比如亲朋好友面前、学校组织的联欢会上）"秀技能"。多选择孩子得心应手而非半生不熟的技能，会让孩子显得特别优秀，增强他们的自信，从而使他们更有动力主动学习，挑战更难的任务。

当孩子面临重要场合（如在考试、比赛前）而感到焦虑不安时，引导他们多关注任务本身，克服评价恐惧，将主动权掌握在自己手中。比如，当孩子准备上台演讲时，让他们提前十分钟开始做深呼吸，并摆出"高能量姿势"：挺胸站立，扬起下巴，双腿分开，双手叉腰，舒展肢体。自信的体态能由外而内地带来自信,让孩子感觉自己更强大。

华为创始人任正非说过一句话:"一辈子假积极就是真积极。"鼓励孩子坐在第一排上课,第一个举手抢答问题,积极参加团体活动,坚持有规律地锻炼身体。习惯成自然,当孩子尝到这样做的"甜头"(比如被老师表扬,受同学欢迎,精神状态变得更好)时,他们就能够克服惰性。

教育有术

我是一个长年在讲台上与学生们探讨什么是真正的幸福,什么是科学的价值,什么才是积极的心理,什么造就了文化的差异等专题的教师。为师者的使命是传道、授业、解惑,这么多年来,我也一直在思考如何更为圆满地达成这个使命。

作为教师,我向学生传的道、授的业是否真的可以为他们解决学习与生活中的种种困惑?事实上,知识与技术层面上的困惑并不难解决,更重要的困惑往往来自生命的意义、个体的成就感与投入之间的比例,变化无常的情绪及复杂的人际关系等方面的困扰。这些困扰看不见,摸不着,却实实在在地影响着一个人真实的幸福感与生活品质。我的使命就是将这些曾经那么不可捉摸又"让我欢喜让我忧"的体验变成可以被人们证明与计量的科学结论,这是我和我的团队及全世界从事积极心理学研究与积极教育研究的人所共同追求的生命价值。

2016年7月,我带队参加首届世界积极教育联盟成立大会。在会议上,我代表中国代表团提出中国积极心理学的"351计划",即中国积极心理学工作者的心愿是:到2051年,中国幸福指数升至世界第51位,同时中国有51%的人感觉幸福。一晃4年过去了,今天我们欣喜地看到积极教育在中国得到了长足的发展,有越来越多的教育机构、教师、家长开始接受并实践积极教育。

教育不是为了考试,而是为了幸福

大家知道,心理学家并不是教育专家,甚至在教育改革、教育实践方面还可能是"门外汉"。但有时候"门外汉"可能会在中国教育的发展、实践和创新方面有一些新观点,或者说能从不同角度给教育专家、教育界领导和从事教育工作的老师一些启发和建议。

为什么我们要提出积极教育这个概念?

很多人知道,生物学家在研究人类生命发展的密码——遗传信息DNA(脱氧核糖核酸)。大数据时代以来,人类学家又开始探索另外一种遗传信息DNA——文化的遗传DNA,即社会发展中的那些规律性的现象。

3年前,我们完成了一项研究计划,即分析谷歌公司保存在云端的人类过去两千年间13种主要语言的绝大部分出版物的大数据。这些出版物的时间为公元元年到2008年，我们希望找出社会发展中的某些规律性现象。结果，我们确实发现了一个秘密：人类社会的进步和发展不是靠斗争，也不是靠战争和掠夺来实现的，人类社会的发展靠的是人们的善意。什么叫善意？善意就是我们要和其他人合作、交往、交流。大规模的文化交换、技术交换、货物交换、财富交换，是对人类社会发展来说很重要的密码。

怎样才能与他人正常、积极地交往？其实没有什么秘诀，保持积极、阳光、美好、善良的心态最关键。孟德斯鸠认为，商业世界的游戏规则不是斗野蛮、拼产品，也不是我们现在说的博弈、竞争、计较、吝啬，更不是很多人认定的那些商业成功秘诀。孟德斯鸠认为，商业成功的秘诀只有一条——"讨人喜欢，让人快乐"。在快乐多的地方商业发达，在商业发达的地方能经常遇到快乐的人。这是他的名言，也是我们大数据研究得出的基本规律。无论他人举出多少案例说明成功的技巧，最重要的还是要拥有积极开放的心态、快乐友好的关系、合作共赢的方式。

而到了这个人们时刻离不开手机的时代，人们的快乐感又源自何处呢？有一项研究发现，60%以上的人每天花在手机上的时间超过了学习时间，也超过了现实中和人打交道的时间。我们睡觉前看手机，起床时看手机，约会时也在看手机。

人类不会因为手机的产生而获得更多快乐。在大数据时代，在手机主导生活的时代，如何与他人交往、交流和交换才是我们应该关注的问题。那么，我们到底应该如何教育孩子，传授给他们什么样的生活技巧？很多人相信一个人只要能干、有本事就行。但在未来的社会生活中，被人喜爱才是一个人最重要的生活优势，"情商比智商重要"说的其实就是这个道理。

积极教育教的是人工智能无法取代的能力

现在有些人的教育理念还停留在农业时代。在这个后工业时代，我们的教育理念是不是要改一改？中国人所接受的传统知识教育，绝对不亚于其他国家、其他文化，但我们需要知识以外的教育。我们之所以这么积极地在中国推广积极教育，就是希望让其能够辅佐传统的知识教育。

什么是知识之外的能力？美国著名管理学者丹尼尔·平克（Daniel Pink）提出，在人工智能时代，人需要拥有机器做不到的六种能力。第一，要有设计感、美感、欣赏之心，看着湖水就能想到水天一色的美；第二，要有快乐感，让自己身心愉悦、健康的同时，也要让别人身心愉悦、健康；第三，要有意义感，知道如何在烦琐的生活中找到生活的意义；第四，要有形象思维的能力，善于讲故事，有具体化抽象概念；第五，要有产生共鸣的能力，善于感染和激励他人；第六，要有同理心，能够感受到其他人的感情、感觉和感受。平克认为21世纪是个感性的时代，能够拥有上述能力的人就是这个时代的主人。

诺贝尔生理学或医学奖获得者大卫·休伯尔（David Hubel）和托斯登·威塞尔（Torsten Wiesel）的研究表明，人类一般技能的掌握依靠低级脑细胞的活动，低级脑细胞负责具体的信息加工。而高级脑细胞负责审美、共情、共鸣等功能，高级脑细胞的活动越多，人类的智慧程度就越高，情感就越积极，成就也会越大。所以，我们一定要培养活跃的高级脑细胞，让我们的孩子有更多的灵性、悟性、善意和更高的德行。

因此，积极教育的目的是培养学生高级脑细胞的活动，我把这样的优秀人才定义为ACE（王牌）。中国不缺工人，不缺农民，不缺会思考的人，但是中国缺ACE人才，这种尖端人才亟待培养。

那么，ACE是什么？

◎ A是Aesthetic（审美感）：能够看到别人看不到的东西，能够领悟别人领悟不到的东西，能够欣赏自然、社会和人的真、善、美；

◎ C是Creative（创造力）：能够分析问题、解决问题，创造新概念、新事物，想象、憧憬、计划未来；

◎ E是Empathic（同理能力）：这种能力特别重要，要能够敏锐地感受并影响其他人的感情，了解并理解他人的欲望和需求，善待他人，成人之美。

ACE如何活动？假如我请你看下面这张图，你会看到什么？很多人一开始可能看不出这是什么，只能看到一堆杂乱无章的线条，这就是因为大多数人在这个时候只有低级脑细胞在活动。但如果我给你一个提示：从某个角度看，其实能看到几个意义美好的字，你可能一下子就能看出规律，能看到意义和美①。这时就是高级脑细胞在活动。

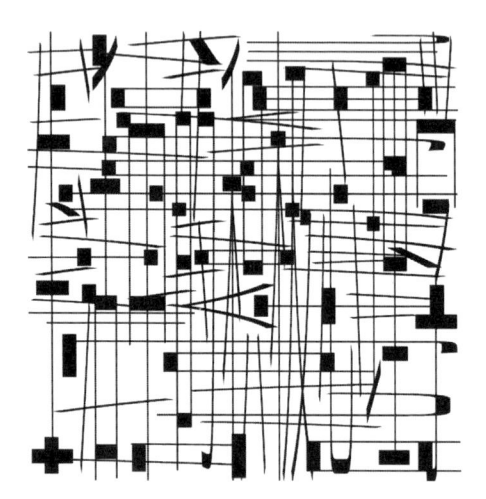

图 6-1 闭一只眼，将书本倾斜才能看懂图中的文字

从人类的终极意义上说，我们提出要培养的高级脑细胞的活动，也是人类进化了 6 500 万年选择出来的竞争优势。我们在谈到人的特性时，总是去看古人说了什么，伟人说了什么，

---

① 从不同角度分别能看到"生活中的积极心理学"和"吾心可鉴澎湃的福流"字样。

其实更要看的是科学证据。

达尔文的进化论人尽皆知，他提出人类的天性一定符合两个特征：一是易于人类的生存，二是易于人类的繁殖。深入了解可以发现，人类生存和繁殖选择的往往是积极的天性。人类自从站立起来，就喜欢堂堂正正、大大方方的品质；人类喜欢站得高，看得远；人类喜欢伟大、崇高的事情——人类在站起来后自然而然希望达到也能达到的状态。人类的身体越来越符合黄金分割比例，因为这样显得更美、更匀称。

归根到底，积极教育是更具人性的、更符合心理科学规律的教育，是值得我们大力提倡的教育理念。

积极教育的方法

每一个国家、每一个民族、每一所学校所具有的优势都不一样，本身的条件也不一样。那么，该如何开展积极教育？或者说开展积极教育可以做哪些事情？清华大学心理学系开展了5年多的幸福教育，培养了很多边远地区的小学、中学老师，也因此积累了不少经验。

第一，情商教育。

从小学、中学到大学其实都应该对学生进行情商教育，问题是：怎么做？

一是教学生如何发现、弘扬、培养积极情绪。人在情绪积极的时候，思路更开阔，行为选项更丰富，行动的欲望更强烈。

而消极情绪只会使人的思路变得狭窄，使人只知道依靠逃生的本能，只知道批评和逃避。积极心理学的所有研究也都证明，大多数的创造性工作都是人在快乐、积极的情况下才能够完成的。现在国家提倡"大众创业，万众创新"，但切记不能在焦虑、恐惧、愤怒的情况下去创新或创业。从这个意义上来说，积极教育其实也就是幸福教育，而不是简单的技能和知识教育。

二是从培养同理心和识别各种各样的表情开始进行情商教育。让我们的孩子从小就能够辨别其他人的心情状态，知道积极情绪不只是幸福，还包括满足、淡定、平静、骄傲、自豪，甚至腼腆。

心理学家发现，在一般情况下，羞涩其实是一种特别积极、美妙的情绪，个体在感到羞涩的时候其实是处于特别积极的状态中的（当然，过度羞涩是有问题的）。

美国的孩子从小学三年级就开始接受情商教育，学习如何表达、控制、理解及应对情绪，甚至微笑都需要学习。前文提到，有一种微笑叫迪香式微笑，它是一种具有特殊魅力和感染力的微笑，会让人越看越喜欢，越看越想笑。迪香式微笑不同于礼节性的微笑，它的特点是要露出牙齿，笑容饱满，面部肌肉提高，眼周出现皱纹。

著名心理学家达契尔·凯尔特纳（Dacher Keltner）对美国米勒学院1960届毕业生的毕业照进行了分析，将照片上学生的表情分成习惯性迪香式微笑、镜头前装的笑、镜头前不笑。

30年之后，他再去回访这些学生，结果发现拥有三种不同表情的学生的生活有天壤之别。那些习惯于展现迪香式微笑的学生在27岁时的结婚比例高，离婚比例低，自我报告的幸福指数高；那些装笑或者不笑的学生在30年之后基本上是离了婚的。微笑的技能和技巧能让我们家庭和谐幸福，事业成功发达，这就是情商教育的价值和意义。

第二，幸福教育。

心理学家米哈里·希斯赞特米哈伊认为，幸福就是一种全身心的快乐体验。我把这种全身心的快乐体验叫作福流。福流体验可以通过学习得来，也可以被创造出来。

福流是一种什么样的状态呢？它有五个特点：一是沉浸其中，如痴如醉；二是物我两忘，此时不知是何时，此身不知在何处；三是驾轻就熟，有特别好的控制感；四是点滴入心，感受到活动精确的回馈；五是酣畅淋漓，和乐自得。

第三，利他教育。

这也是我们在道德教育方面做了几十年的主要工作，即教导学生如何去爱人、帮助人、服务人。

雷锋精神的本质不是牺牲精神，而是助人为乐的精神，也就是追求幸福的心声。雷锋的伟大在于他作为一个年轻的小伙子，在没有学习任何心理学知识的情况下就找到了心理学的一个基本规律，即利他是幸福的。

很长时间以来，一些人受到西方哲学思想的影响，不承认世界上存在无私。我们现在认为，寻找快乐就是无私的表现。神经生理学方面的调查显示，纯粹的利他行为是完全可以做到的。积极心理学或积极教育可以把积极的知识传播给大众，传播给下一代，影响他们成为身体力行的利他之人。

第四，乐观的性格教育。

提倡乐观教育是为了让我们的孩子相信明天更美好。我们没有任何理由怀疑未来不美好，未来很有可能比我们想象的还要好。

我们这代人能够走进如此多彩、如此富裕、人们如此自信的21世纪，这是20世纪的人想象不到的。所以，我们应该抱着乐观的心态看待美好的未来和幸福的明天。

第五，美德和价值观教育。

这里说的价值观绝对不是哲学上的、空想的价值观，而是建立在人心、人情、人性和人欲基础上的价值观。

积极心理学家马丁·塞利格曼和克里斯托弗·彼得森在全世界50多个国家和地区做了调查，发现人类有一些普适的价值，它们对我们的生活、工作、未来成就都有特别大的意义。比如，我们都喜欢有勇气的人，也喜欢所有跟勇气有关系的价值；不管是中国人还是外国人，都喜欢仁慈、有爱心、情商高的人；我们喜欢欣赏他人，也喜欢好学、有创造力的人；我们喜欢宽容、谦虚、自我控制能力强的人，也喜欢有责任心和领导才华的人。所以，将核心价值观和心理学及生活联系在一起，积极心理学就不会成为智力的思辨游戏。

第六，社会关系教育。

2005年，美国《时代周刊》发表了一篇综合报道，报道称积极健康的社会关系是人类健康长寿最重要的保障，也是人们事业成功的保障。李嘉诚先生也有一句名言："所谓的商机就是人脉，所谓的投资永远要投给人，而不是投给项目。"这句话强调的正是社会关系的重要性。

第七，生活习惯教育。

教育孩子养成健康的生活习惯，比如呼吸新鲜空气，积极参加体育活动，玩健康的游戏，听音乐，唱歌，欣赏美和艺术，等等。

中国著名学者冯友兰先生在抗日战争最艰难困苦的时候，呕心沥血写出了中国哲学史上有名的《贞元六书》，书中引用了北宋哲学家张载的一句名言以自许："为天地立心，为生民立命，为往圣继绝学，为万世开太平。"此为哲学家自许之言，但对于我们普通人来说，"虽不能至，然心向往之"，"非曰能之，愿学焉"！

希望以此与诸君共勉：虽然我们不一定能做到立心、立命、继绝学、开太平，但我们的心要有所追求；虽然我们不一定有这样的本领，但起码我们可以尝试去学习。这就是积极教育追求的一种精神。

我最近经常在想，我是不是已经站在某个大变革时代的路口——回望历史的记忆让我感慨万千，而面向未知的未来又会让我心生敬畏。作为一个学者，我知道自己微薄的力量不足以撼动整个时代，但我依然坚定地认为，大海是由一滴一滴的水聚集而成的，而我们每个人都是汇聚在大海中的那一滴滴水。